目　录

附　　录

附录 1　《浙江省建设工程 2010 取费定额》节选

目　　录

第一章　建设工程施工费用计算规则

第一节　建设工程费用组成

建设工程费用由直接费、间接费、利润和税金组成（见附表）。

一、直接费

直接费由直接工程费和措施费组成。

（一）直接工程费

直接费是指工程施工过程中耗费的构成工程实体的各项费用，包括人工费、材料费、施工机械使用费。

1. 人工费

人工费是指直接从事建设工程施工的生产工人开支的各项费用，内容包括：

（1）基本工资：是指发放给生产工人的基本工资。

（2）工资性补贴：是指按规定标准发放的物价补贴，煤、燃气补贴，交通补贴，住房补贴，流动施工津贴等。

（3）辅助工资：是指生产工人年有效施工天数以外非作业天数的工资，包括职工学习、培训期间的工资，调动工作、探亲、休假期间的工资，因气候影响的停工工资，女工哺乳期间的工资，病假在六个月以内的工资及产、婚、丧假期的工资。

（4）福利费：是指按规定标准计提的职工福利费。

（5）劳动保护费：是指按规定标准发放的生产工人劳动保护用品的购置费及修理费，服装补贴，防暑降温费，在有碍身体健康环境中施工的保健费用等。

2. 材料费

材料费是指施工过程中耗费的构成工程实体的原材料、辅助材料、构配件、零件、半成品的费用。内容包括：

（1）材料原价（或供应价格）。

（2）材料运杂费：是指材料自来源地运至工地仓库或指定堆放地点所发生的全部费用，包括装卸费、运输费、运输损耗及其他附加费等费用。

（3）采购及保管费：是指为组织采购、供应和保管材料过程所需要的各项费用，包括采购费、仓储费、工地保管费、仓储损耗。

3. 施工机械使用费

施工机械使用费是指施工机械作业所发生的机械使用费以及机械安拆费和场外运输费。

施工机械台班单价应由下列七项费用组成：

（1）折旧费：是指施工机械在规定的使用年限内，陆续收回其原值及购置资金的时间价值。

（2）大修理费：是指施工机械按规定的大修理间隔台班进行必要的大修理，以恢复其正常功能所需的费用。

（3）经常修理费：是指施工机械除大修理以外的各级保养和临时故障排除所需的费用。包括为保障机械正常运转所需替换设备与随机配备工具附具的摊销和维护费用，机械运转中日常保养所需润滑与擦拭的材料费用及机械停滞期间的维护和保养费用。

（4）安拆费及场外运费：安拆费是指一般施工机械（不包括大型机械）在现场进行安装与拆卸所需的人工、材料、机械和试运转费用以及机械辅助设施的折旧、搭设、拆除等费用；场外运费是指一般施工机械（不包括大型机械）整体或分件自停放场地运至施工场地或由一施工场地运至另一施工场地的运输、装卸、辅助材料及架线等费用。

（5）人工费：是指机上司机（司炉）和其他操作人员的工作日人工费及上述人员在施工机械规定的年工作台班以外的人工费。

（6）燃料动力费：是指施工机械在运转作业中所消耗的固体燃料（煤、木柴）、液体燃料（汽油、柴油）及水、电等。

（7）其他费用：指施工机械按照国家和有关部门规定应缴纳的车船使用税、保险费（含交强险）及年检费等。

（二）措施费

措施费是指为完成工程项目施工，发生于该工程施工准备和施工过程中的技术、生活、安全、环境保护等方面的非工程实体项目的费用，由施工技术措施费和施工组织措施费组成。

1. 施工技术措施费，内容包括

（1）通用施工技术措施项目费：

①大型机械设备进出场及安拆费：是指大型机械整体或分体自停放场地运至施工场地或由一施工场地运至另一施工场地所发生的机械进出场运输转移费用及机械在施工现场进行安装、拆卸所需的人工费、材料费、机械费、试运转费和安装所需的辅助设施的费用。

②施工排水、降水费：是指为确保工程在正常条件下施工，采取各种排水、降水措施所发生的各种费用。

③地上、地下设施、建筑物的临时保护措施费。

（2）专业工程施工技术措施项目费：是指根据《建设工程工程量清单计价规范》和本省有关规定，列入各专业工程措施项目的属于施工技术措施项目的费用。

（3）其他施工技术措施费：是指根据各专业、地区及工程特点补充的施工技术措施项目的费用。

2. 施工组织措施费，内容包括

（1）安全文明施工费。

安全文明施工费是指按照国家现行的建筑施工安全、施工现场环境与卫生标准和有关规定，购置和更新施工安全防护用具和设施、改善安全生产条件和资源环境所需要的费用。安全文明施工费内容包括：

①环境保护费：是指施工现场为达到环保部门要求所需要的各项费用。

②文明施工费：是指施工现场文明施工所需要的费用。一般包括施工现场的标牌设置，施工现场地面硬化，现场周边设立维护设施，现场安全保卫及保持场貌、场容整洁等发生的费用。

③安全施工费：是指施工现场安全施工所需要的费用。一般包括安全防护用具和服装，施工现场的安全警示、消防设施和灭火器材，安全教育培训，安全检查及编制安全措施方案等发生的费用。

④临时设施费：是指施工企业为进行建筑工程施工所必须搭设的生活和生产用的临时建筑物、构筑物和其他临时设施等发生的费用。

临时设施包括：临时宿舍、文化福利及公共事业房屋与构筑物、仓库、办公室、加工厂（场）以及在规定范围内道路、水、电、管、线等临时设施和小型临时设施。

临时设施费用包括：临时设施的搭设、维修、拆除费或摊销费。

（2）检验试验费：是指对建筑材料、构件和建筑安装物进行一般的鉴定、检查所发生的费用，包括建设工程质量见证取样检测费、建筑施工企业配合检测及自设实验室进行试验所耗用的材料和化学药品等费用。不包括新结构、新材料的试验费和建设单位对具有出厂合格证明的材料进行检验，对构件做破坏性试验及其他有特殊要求需要检验试验的费用。

（3）冬雨季施工增加费：是指按照施工及验收规范所规定的冬季施工要求和雨季施工期间，为保证工程质量和安全生产所需增加的费用。

（4）夜间施工增加费：是指夜间施工所发生的夜班补助费、夜间施工降效、夜间施工照明设备摊销及照明用电等费用。

（5）已完工程及设备保护费：是指竣工验收前，对已完工程及设备进行保护所需的费用。

（6）二次搬运费：是指因施工场地狭小等特殊情况，材料、设备等一次到不了现场而发生的二次搬运费用。

（7）行车、行人干扰增加费：是指边施工边维持通车的市政道路（包括道路绿化）、排水工程受行车、行人干扰影响而增加的费用。

（8）提前竣工增加费：是指因缩短工期要求发生的施工增加费，包括夜间施工增加费、周转材料加大投入量所增加的费用等。

（9）优质工程增加费：是指建筑施工企业在生产合格建筑产品的基础上，为生产优质工程而增加的费用。

（10）其他施工组织措施费：是指根据各专业、地区及工程特点补充的施工组织措施项目的费用。

二、间接费

间接费由规费、企业管理费组成。

（一）规费

规费是指根据省级政府或省级有关权力部门规定必须缴纳的，应计入建筑安装工程造价的费用。内容包括：

（1）工程排污费：是指施工现场按规定缴纳的工程排污费。

（2）社会保障费：

1）养老保险费：是指企业按照规定标准为职工缴纳的基本养老保险费。

2）失业保险费：是指企业按照规定标准为职工缴纳的失业保险费。

3）医疗保险费：是指企业按照规定标准为职工缴纳的基本医疗保险费。

4）生育保险费：是指企业按照规定标准为职工缴纳的生育保险费。

（3）住房公积金：是指企业按照规定标准为职工缴纳的住房公积金。

（4）民工工伤保险费：是指企业按规定标准为民工缴纳的工伤保险费。

（5）危险作业意外伤害保险费：是指按照《建筑法》规定，企业为从事危险作业的建筑安装施工人员支付的意外伤害保险费。

（二）企业管理费

企业管理费是指施工企业组织施工生产和经营管理所需的费用。内容包括：

（1）管理人员工资：是指管理人员的基本工资、工资性补贴、职工福利费、劳动保护费等。

（2）办公费：是指企业管理办公用的文具、纸张、账表、印刷、邮电、书报、会议、水、电、煤等费用。

（3）差旅交通费：是指职工因公出差、调动工作的差旅费、住勤补助费，市内交通费和误餐补助费，职工探亲路费，劳动力招募费，职工离退休、退职一次性路费，工伤人员就医路费，工地转移费以及管理部门使用的交通工具的油料、燃料及牌照费等。

（4）固定资产使用费：是指管理和试验部门及附属生产单位使用的属于固定资产的房屋、设备仪器等的折旧、大修、维修或租赁费用。

（5）工具用具使用费：市值管理使用的不属于固定资产的生产工具、器具、家具、交通工具和检验、试验、测绘、消防用具等的购置、维修和摊销费。

（6）劳动保险费：是指企业支付离退休职工的异地安家价补助费、职工退职金、六个月以上的长病假人员工资、职工死亡丧葬补助费、抚恤费、按规定支付给离休干部的各项经费。

（7）工会经费：是指企业按施工工资总额计提的工会经费。

（8）职工教育经费：是指企业为职工学习先进技术和提高文化水平，按职工工资总额计提的费用（不包括生产工人的安全教育培训费用）。

（9）财产保险费：是指施工管理用财产、车辆保险。

（10）财务费：是指企业为筹集资金而发生的各项费用。

（11）税金：是指企业按规定缴纳的房产税、车船使用税、土地使用税、印花税等。

（12）其他：包括技术转让费、技术开发费、业务招待费、绿化费、广告费、法律顾问费、审计费、咨询费等。

三、利润

利润是指施工企业完成所承包工程获得的盈利。

四、税金

税金是指国家税法规定的应计入建筑工程造价的营业税、城市维护建设税、教育费附加及按本省规定应缴纳的水利建设专项资金。

附表：建设工程费用组成表

续表

建设工程费用	直接费	直接工程费	1. 人工费		
			2. 材料费		
			3. 施工机械使用费		
		措施费	施工技术措施费	1. 大型机械设备进出场及安拆费	
				2. 施工排水降水费	
				3. 地上、地下设施、建筑物的临时保护设施费	
				4. 专业工程施工技术措施费	
				5. 其他施工技术措施费	
			施工组织措施费	1. 安全文明施工费	
				2. 检验试验费	
				3. 冬雨季施工增加费	
				4. 夜间施工增加费	
				5. 已完工程及设备保护费	
				6. 二次搬运费	
				7. 行车、行人干扰增加费	
				8. 提前竣工增加费	
				9. 优质工程增加费	
				10. 其他施工组织措施费	

建设工程费用	间接费	规费	1. 工程排污费	
			2. 社会保障费	（1）养老保险费
				（2）失业保险费
				（3）医疗保险费
				（4）生育保险费
			3. 住房公积金	
			4. 民工工伤保险费	
			5. 危险作业意外伤害保险费	
		企业管理费	1. 管理人员工资	
			2. 办公费	
			3. 差旅交通费	
			4. 固定资产使用费	
			5. 工具用具使用费	
			6. 劳动保险费	
			7. 工会经费	
			8. 职工教育经费	
			9. 财产保险费	
			10. 财务费	
			11. 税金	
			12. 其他	
	利润			
	税金			

第二节　建设工程施工费用计算规则

一、建设工程施工组织措施费、企业管理费、利润及规费的施工取费基数

（1）建设工程施工组织措施、企业管理费、利润及规费均以"人工费＋机械费"为取费基数。其中：

$$人工费 ＝ 人工消耗量 × 人工单价$$
$$机械费 ＝ 机械台班消耗量 × 机械台班单价$$

（2）人工费不包括机上人工费；大型机械设备进出场及安拆费不能作为机械费计算，但其中的人工费及机械费可作为取费基数。

（3）以综合单价法计价的工程，企业管理费、利润以各清单项目的人工费及机械费为取费基数分别计算；施工组织措施费、规费以分部分项工程量清单项目和施工技术措施项目中的人工费及机械费之和为取费基数计算。

（4）编制招标控制价时，应以定额的人工费及定额的机械费作为计算费用的基数。

（5）编制投标报价时，其人工、机械台班消耗量可根据企业定额确定，人工单价、机械单价可按当时当地的市场价格确定，以此计算的人工费和机械费作为取费基数。

（6）由于设计变更等原因增减的工程项目，其施工取费费率按本定额费率标准执行的，其取费基数的计算口径与编制招标控制价相同。

（7）以工料单价法计价的工程（非招标工程），其人工费和机械费是指按建设工程预算定额项目（分部分项子目）计算的定额人工费及定额机械费之和。

二、施工组织措施费

（1）安全文明施工费、检验试验费为必须计算的措施费项目。

其他施工组织措施费项目可根据工程量清单项目或工程实际需要发生列项，工程实际不发生的项目不应计取其费用。

（2）安全文明施工费。

1）安全文明施工费的下限费率是根据测定费率的 90％编制的，投标报价应当以不低于本定额下限费率报价；招标控制价按中值费率编制。

2）对安全防护、文明施工有特殊要求和危险性较大的工程，需增加安全防护、文明施工措施所发生的费用可另列项目计算或要求投标报价的施工企业在费率中考虑。

3）安全文明施工费分非市区工程、市区一般工程、市区临街工程。市区一般工程是指进入居民生活区的城区内的一般工程；市区临街工程是指进入居民生活区的城区内的临街、临道路工程；非市区工程是指非居民生活区的一般工程。

4）标化工地施工费已在安全文明施工费中综合考虑，但获得国家、省、市安全标化工地的，可根据合同约定计取创标化工地增加费。由于创标化工地一般在工程竣工后评定且不一定发生，编制招标控制价时不计算该项费用。

（3）检验试验费。

1）投标报价应以不低于本定额下限费率报价；招标控制价按中值费率编制。

2）建设工程专项检测应按《浙江省建设工程其他费用定额》要求列入工程

建设其他费用。专项检测费由建设单位与检测单位根据工程质量检测的内容和要求在合同中约定。

（4）二次搬运费费率适用于因施工场地狭小等特殊情况一次到不了施工现场而需要再次搬运而发生的费用，不适用于上山及过河发生的费用。上山及过河发生的费用另行计算。

（5）提前竣工增加费以工期缩短的比例计取。

工期缩短比例＝（定额工期－合同工期）/ 定额工期×100％

1）缩短工期比例在 30％以上者，应按审定的措施方案计算相应的提前竣工增加费。

勘误：提前竣工

2）计取缩短工期增加费的工程不应同时计取夜间施工增加费。

3）实际工期比合同工期提前的，根据合同约定计算，合同没有约定的可参考本规定计算。

（6）优质工程增加费应根据合同约定计取。获国家、省或市的优质工程，或其他能证明其工程优质的应计取优质工程增加费。

1）优质工程一般在工程竣工后评定且不一定发生，编制招标控制价时不计算该项费用。

2）合同要求为优质工程而实际未达到优质工程的，其优质工程的增加费可根据工程的实际质量，按优质工程增加费下限费率的 15％～75％计算；合同没有优质工程要求而实际获得优质工程的，可按优质工程增加费下限费率的 75％～100％计算。

三、企业管理费是根据不同的工程类别分别编制的。工程类别按本定额第三章"工程类别划分"判定。

四、编制招标控制价的，施工组织措施费、企业管理费及利润，应按费率的中值或弹性区间费率的中值计取。

编制施工图预算等时，施工组织措施费、企业管理费及利润，可按费率的中值或弹性区间费率的中值计取。

五、风险费

（1）风险费包括工、料、机、设备投标编制期或预算编制期的价格与实际采购使用期发生的价差。

（2）采用工程量清单计价的工程，其风险费用在综合单价中考虑。采用工料单价计价的工程，风险费单独列项计算。

（3）编制招标控制的，编制人应根据招标文件对风险范围、风险幅度及工期长短的要求，结合当时当地投标报价的下浮幅度确定风险费。

（4）应在招标文件或合同中明确风险内容及其范围（幅度），不得采用无限风险、所有风险或类似语句规定风险内容及其范围（幅度）。

六、暂列金额

（1）暂列金额包括施工合同签订时尚未确定或者不可预见的所需材料、设备、服务的采购，施工中可能发生的工程变更、合同约定调整因素出现时的工程价款调整以及发生的索赔、现场签证确认等的费用。

（2）暂列金额一般可按税前造价的5％计算。本定额的暂列金额为除税金外的全部费用。工程结算时，暂列金额应予取消，另根据工程实际发生项目增加费用。

（3）采用工程量清单计价的工程，暂列金额按招标文件要求编制，列入其他项目费。采用工料单价计价的工程，暂列金额单独列项计算。

七、总承包服务费

总承包服务费是指总承包人为配合协调发包人进行的工程分包自行采购的设备、材料等进行管理、服务以及施工现场管理、竣工资料汇总整理等服务所需的费用。

（1）发包人仅要求对分包的专业工程进行总承包管理和协调时，总包单位可按分包的专业工程造价的1％～2％向发包方计取总承包管理和协调费。总承包单位完成其直接承包的工程范围内的临时道路、围墙、脚手架等措施项目，应无偿提供给分包单位使用，分包单位则不能重复计算相应费用。

（2）发包人要求总承包单位对分包的专业工程进行总承包管理和协调，并同时要求提供配合服务时，总包单位可按分包的专业工程造价的1％～4％向发包方计取总承包管理、协调和服务费；分包单位则不能重复计算相应费用。

总承包单位事先没有与发包人约定提供配合服务的，分包单位有要求总承包单位提供垂直运输等配合服务时，分包单位支付给总包单位的配合服务费，由总分包单位根据实际的发生额自行约定。

（3）发包人自行提供材料、设备的，对材料、设备进行管理、服务的单位可按材料、设备价值的0.2％～1％向发包方计取材料、设备的管理、服务费。

八、规费和税金

（1）规费和税金应按本定额规定的费率计取，不得作为竞争性费用。

（2）本定额规费费率包括工程排污费、养老保险费、失业保险费、医疗保险费、生育保险费及住房公积金，不包括民工工伤保险费及危险作业意外伤害保险费。

（3）民工工伤保险费、危险作业意外伤害保险费按各市有关部门的规定计算。

九、房屋修缮工程的施工组织措施费费率按相应新建工程项目的费率乘以

系数0.5；管理费费率按相应新建工程项目的三类费率乘以系数0.8，其他按相应新建工程项目的费率计取。

十、综合费用费率

（1）建设工程综合费用费率包括施工组织措施费、企业管理费、利润、规费四项费用，税金另计。综合费率只适用于编制设计概算。

（2）综合费率中，施工组织措施费只包括安全文明施工费、检验试验费、已完工程及设备保护费三项费用，其费率按中值考虑，其中的安全文明施工费按市区一般工程费率考虑；不包括夜间施工增加费、提前竣工增加费、二次搬运费、优质工程增加费等费用项目的费率。

> 勘误：企业管理费分别按一、二、三类工程的中值费率考虑，利润按中值考虑。

（3）综合费率中，企业管理费按二类工程的中值费率考虑，利润按中值考虑，税金按市区一般工程考虑。

（4）综合费率中，规费只包括工程排污费、社会保障费及住房公积金三项费用，民工工伤保险费、危险作业意外伤害保险费按各市有关部门的规定计算。

（5）综合费率以概算定额中的定额人工费＋定额机械费为计算基数。

十一、扩大系数

扩大系数是考虑概算定额与预算定额的水平幅度差及图纸设计深度等因素，编制概算费用时应予以适当扩大。扩大系数一般为1％～3％，具体数值可根据工程的复杂程度和图纸的设计深度确定：一般工程取中值；较复杂工程或设计图纸深度不够要求的取大值，工程较简单或图纸设计深度达到要求的取小值。

十二、本定额是以（2010版）工程定额基价为基础测算的，取费基数做调整时，费率水平应作相应调整。

新定额颁发后遇国家有新的政策规定，对施工取费费率变化影响较大时，施工取费费率也应做调整。

十三、本定额施工取费费率是按单位工程综合测定的，除本定额已列有的分部项目外，不适用于分部分项工程。

十四、招投标工程，因设计变更等原因，引起施工取费费用开支发生变化的，施工取费费用应根据工程实际调整。

十五、本定额凡规定乘以系数的费率，其小数保留位数与原费率小数位数一致。

第二章　建设工程施工费用取费费率

第四节　园林绿化及仿古建筑工程施工取费费率

一、园林绿化及仿古建筑工程施工组织措施费费率

定额编号	项目名称		计算基数	费率（%）		
				下限	中值	上限
D1	施工组织措施费					
D1-1	安全文明施工费					
D1-11	其中	非市区工程	人工费＋机械费	2.99	3.32	3.66
D1-12		市区一般工程		3.52	3.91	4.3
D1-13		市区临街工程		4.05	4.5	4.95
D1-2	夜间施工增加费		人工费＋机械费	0.02	0.04	0.06
D1-3	提前竣工增加费					
D1-31	其中	缩短工期 10% 以内	人工费＋机械费	0.01	1.13	2.25
D1-32		缩短工期 20% 以内		2.25	2.8	3.34
D1-33		缩短工期 30% 以内		3.34	3.96	4.59
D1-4	二次搬运费			0.17	0.21	0.25
D1-5	已完工程及设备保护费			0.02	0.08	0.17
D1-6	检验试验费		人工费＋机械费	0.83	1.08	1.34
D1-7	冬雨季施工增加费			0.12	0.24	0.36
D1-8	行车、行人干扰增加费			1	1.5	2
D1-9	优质工程增加费		优质工程增加费前造价	1	1.25	1.5

注　1. 园林景观工程检验试验费费率乘以系数 0.6。

　　2. 单独绿化工程安全文明施工费费率乘以系数 0.7，检验试验费费率乘以系数 0.2。

　　3. 专业土石方工程安全文明施工费费率乘以系数 0.6，检验试验费不计。

二、园林绿化及仿古建筑工程企业管理费费率

定额编号	项目名称	计算基数	费率（%）		
			一类	二类	三类
D2	企业管理费				
D2－1	仿古建筑工程		22～28	18～24	15～20
D2－2	园林景观工程	人工费＋机械费	20～26	16～22	13～18
D2－3	单独绿化工程		—	14～19	11～15
D2－4	专业土石方工程		—	4～7	2～5

注 专业土石方工程仅适用于承包的土石方工程。

三、园林绿化及仿古建筑工程利润费率

定额编号	项目名称	计算基数	费率（%）
D3	利润		
D3－1	仿古建筑工程		4～10
D3－2	园林景观工程	人工费＋机械费	8～14
D3－3	单独绿化工程		18～26
D3－4	专业土石方工程		1～4

注 专业土石方工程仅适用于单独承包的土石方工程。

四、园林绿化及仿古建筑工程规费费率

定额编号	项目名称	计算基数	费率（%）
D4	规费		
D4-1	仿古建筑工程		13.33
D4-2	园林景观工程	人工费＋机械费	13.19
D4-3	专业土石方工程		4.46
D4-4	单独绿化工程		10.94

五、园林绿化及仿古建筑工程税金费率

定额编号	项目名称	计算基数	费率（%）		
			市区	城（镇）	其他
D5	税金		3.577	3.513	3.384
D5-1	税费	直接费＋管理费＋利润＋规费	3.477	3.413	3.284
D5-2	水利建设资金		0.100	0.100	0.100

注　税费包括营业税、城市建设维护税及教育费附加。

第三章　工程类别划分
第四节　仿古建筑及园林绿化工程

一、仿古建设及园林绿化工程类别划分表

工程＼类别	一类	二类	三类
仿古建筑工程	1. 单项 1000m² 以上或单体 700m² 以上仿古建筑 2. 国家级文物古迹复建和古建筑修缮 3. 高度 27m 以上古塔 4. 高度 10m 以上牌楼、牌坊	1. 单项 500m² 以上或单体 300m² 以上仿古建筑 2. 省级文物古迹复建和古建筑修缮 3. 高度 15m 以上古塔 4. 高度 7m 以上牌楼、牌坊	1. 单项 500m² 以下或单体 300m² 以下仿古建筑 2. 市县级古迹复建和古建筑修缮 3. 高度 15m 以下古塔 4. 高度 7m 以下牌楼、牌坊
园林景区工程	1. 60 亩以上综合园林建筑 2. 直径 40m 以上或占地 1257m² 以上的喷泉 3. 高度 8m 以上城市雕像 4. 堆砌 7m 以上的假山石、塑石、立峰	1. 30 亩以上综合园林建筑 2. 直径 20m 以上或占地 314m² 以上的喷泉 3. 高度 4m 以上城市雕像 4. 缩景模型制作安装 5. 堆砌 7m 以下假山石、塑石、立峰	1. 30 亩以下综合园林建筑 2. 直径 20m 以下或占地 314m² 以下的喷泉 3. 高度 4m 以下城市雕像 4. 园林围墙、园路、园桥和小品
单独绿化工程	—	1. 国家级风景区、省级风景区绿化工程 2. 公园、度假村、高尔夫球场、广场、街心花园、屋顶花园、室内花园等绿化工程	1. 公共建筑环境、企事业单位与居住区的绿化工程 2. 道路绿化工程 3. 片林、风景林等工程
土石方工程	—	6m 以上的基坑开挖	1. 深度 6m 以下的基坑开挖 2. 平基土方

二、工程类别划分说明

1. 综合园林建设：按园林建设规模划分类别，建设面积以工程立项批准文件为准。游乐场及公园式墓园类别划分同综合性园林建设。

2. 在同一个类别工程中，有几个特征时，凡符合其中特征之一者，即为该类工程。

3. 园林景区内按市政标准设计的道路、广场，按市政工程相应类别划分。

4. 仿古建筑及园林工程中的一般安装工程按相应的三类工程取费。

附录 2 　《建设工程工程量清单计价规范》（GB 50500—2013）节选

目次（部分）

1　总则

1.0.1　为规范建设工程造价计价行为，统一建设工程计价文件的编制原则和计价方法，根据《中华人民共和国建筑法》《中华人民共和国合同法》《中华人民共和国招标投标法》等法律法规，制定本规范。

1.0.2　本规范适用于建设工程发承包及实施阶段的计价活动。

1.0.3　建设工程发承包及实施阶段的工程造价应由分部分项工程费、措施项目费、其他项目费、规费和税金组成。

1.0.4　招标工程量清单、招标控制价、投标报价、工程计量、合同价款调整、合同价款结算与支付以及工程造价鉴定等工程造价文件的编制与核对，应由具有专业资格的工程造价人员承担。

1.0.5　承担工程造价文件的编制与核对的工程造价人员及其所在单位，应对工程造价文件的质量负责。

1.0.6　建设工程发承包及实施阶段的计价活动应遵循客观、公正、公平的原则。

1.0.7　建设工程发承包及实施阶段的计价活动，除应符合本规范外，尚应符合国家现行有关标准的规定。

2　术语

2.0.1　工程量清单

载明建设工程分部分项工程项目、措施项目、其他项目的名称和相应数量以及规费、税金项目等内容的明细清单。

2.0.2　招标工程量清单

招标人依据国家标准、招标文件、设计文件以及施工现场实际情况编制的，随招标文件发布供投标报价的工程量清单，包括其说明和表格。

2.0.3　已标价工程量清单

构成合同文件组成部分的投标文件中已标明价格，经算术性错误修正（如有）且承包人已确认的工程量清单，包括其说明和表格。

2.0.4　分部分项工程

分部工程是单项或单位工程的组成部分，是按结构部位、路段长度及施工特点或施工任务将单项或单位工程划分为若干分部的工程；分项工程是分部工程的组成部分，是按不同施工方法、材料、工序及路段长度等将分部工程划分为若干个分项或项目的工程。

2.0.5　措施项目

为完成工程项目施工，发生于该工程施工准备和施工过程中的技术、生活、安全、环境保护等方面的项目。

2.0.6　项目编码

分部分项工程和措施项目清单名称的阿拉伯数字标识。

2.0.7　项目特征

构成分部分项工程项目、措施项目自身价值的本质特征。

2.0.8　综合单价

完成一个规定清单项目所需的人工费、材料和工程设备费、施工机具使用费和企业管理费、利润以及一定范围内的风险费用。

2.0.9　风险费用

隐含于已标价工程量清单综合单价中，用于化解发承包双方在工程合同中约定内容和范围内的市场价格波动风险的费用。

2.0.10　工程成本

承包人为实施合同工程并达到质量标准，在确保安全施工的前提下，必须消耗或使用的人工、材料、工程设备、施工机械台班及其管理等方面发生的费用和按规定缴纳的规费和税金。

2.0.11　单价合同

发承包双方约定以工程量清单及其综合单价进行合同价款计算、调整和确认的建设工程施工合同。

2.0.12　总价合同

发承包双方约定以施工图及其预算和有关条件进行合同价款计算、调整和确认的建设工程施工合同。

2.0.13　成本加酬金合同

承包双方约定以施工工程成本再加合同约定酬金进行合同价款计算、调整和确认的建设工程施工合同。

2.0.14　工程造价信息

工程造价管理机构根据调查和测算发布的建设工程人工、材料、工程设备、施工机械台班的价格信息，以及各类工程的造价指数、指标。

2.0.15　工程造价

指数反映一定时期的工程造价相对于某一固定时期的工程造价变化程度的比值或比率。包括按单位或单项工程划分的造价指数，按工程造价构成要素划分的人工、材料、机械等价格指数。

2.0.16　工程变更

合同工程实施过程中由发包人提出或由承包人提出经发包人批准的合同工程任何一项工作的增、减、取消或施工工艺、顺序、时间的改变；设计图纸的修改；施工条件的改变；招标工程量清单的错、漏从而引起合同条件的改变或工程量的增减变化。

2.0.17　工程量偏差

承包人按照合同工程的图纸（含经发包人批准由承包人提供的图纸）实施，按照现行国家计量规范规定的工程量计算规则计算得到的完成合同工程项目应予计量的工程量与相应的招标工程量清单项目列出的工程量之间出现的量差。

2.0.18　暂列金额

招标人在工程量清单中暂定并包括在合同价款中的一笔款项。用于工程合同签订时尚未确定或者不可预见的所需材料、工程设备、服务的采购，施工中可能发生的工程变更、合同约定调整因素出现时的合同价款调整以及发生的索赔、现场签证确认等的费用。

2.0.19　暂估价

招标人在工程量清单中提供的用于支付必然发生但暂时不能确定价格的材料、工程设备的单价以及专业工程的金额。

2.0.20　计日工

在施工过程中，承包人完成发包人提出的工程合同范围以外的零星项目或工作，按合同中约定的单价计价的一种方式。

2.0.21　总承包服务费

总承包人为配合协调发包人进行的专业工程发包，对发包人自行采购的材料、工程设备等进行保管以及施工现场管理、竣工资料汇总整理等服务所需的费用。

2.0.22　安全文明施工费

在合同履行过程中，承包人按照国家法律、法规、标准等规定，为保证安全施工、文明施工，保护现场内外环境和搭拆临时设施等所采用的措施而发生的费用。

2.0.23　索赔

在工程合同履行过程中，合同当事人一方因非己方的原因而遭受损失，按合同约定或法律法规规定承担责任，从而向对方提出补偿的要求。

2.0.24　现场签证

发包人现场代表（或其授权的监理人、工程造价咨询人）与承包人现场代表就施工过程中涉及的责任事件所作的签认证明。

2.0.25　提前竣工（赶工）费

承包人应发包人的要求而采取加快工程进度措施，使合同工期缩短，由此产生的应由发包人支付的费用。

2.0.26 误期赔偿费

承包人未按照合同工程的计划进度施工，导致实际工期超过合同工期（包括经发包人批准的延长工期），承包人应向发包人赔偿损失的费用。

2.0.27 不可抗力

发承包双方在工程合同签订时不能预见的，对其发生的后果不能避免，并且不能克服的自然灾害和社会性突发事件。

2.0.28 工程设备

指构成或计划构成永久工程一部分的机电设备、金属结构设备、仪器装置及其他类似的设备和装置。

2.0.29 缺陷责任期

指承包人对已交付使用的合同工程承担合同约定的缺陷修复责任的期限。

2.0.30 质量保证金

发承包双方在工程合同中约定，从应付合同价款中预留，用以保证承包人在缺陷责任期内履行缺陷修复义务的金额。

2.0.31 费用

承包人为履行合同所发生或将要发生的所有合理开支，包括管理费和应分摊的其他费用，但不包括利润。

2.0.32 利润

承包人完成合同工程获得的盈利。

2.0.33 企业定额

施工企业根据本企业的施工技术、机械装备和管理水平而编制的人工、材料和施工机械台班等消耗标准。

2.0.34 规费

根据国家法律、法规规定，由省级政府或省级有关权力部门规定施工企业必须缴纳的，应计入建筑安装工程造价的费用。

2.0.35 税金

国家税法规定的应计入建筑安装工程造价内的营业税、城市维护建设税、教育费附加和地方教育附加。

2.0.36 发包人

具有工程发包主体资格和支付工程价款能力的当事人以及取得该当事人资格的合法继承人，本规范有时又称招标人。

2.0.37 承包人

被发包人接受的具有工程施工承包主体资格的当事人以及取得该当事人资格的合法继承人，本规范有时又称投标人。

2.0.38 工程造价咨询人

取得工程造价咨询资质等级证书，接受委托从事建设工程造价咨询活动的当事人以及取得该当事人资格的合法继承人。

2.0.39 造价工程师

取得造价工程师注册证书，在一个单位注册、从事建设工程造价活动的专业人员。

2.0.40 造价员

取得全国建设工程造价员资格证书，在一个单位注册、从事建设工程造价活动的专业人员。

2.0.41 单价项目

工程量清单中以单价计价的项目，即根据合同工程图纸（含设计变更）和相关工程现行国家计量规范规定的工程量计算规则进行计量，与已标价工程量清单相应综合单价进行价款计算的项目。

2.0.42 总价项目

工程量清单中以总价计价的项目，即此类项目在相关工程现行国家计量规范中无工程量计算规则，以总价（或计算基础乘费率）计算的项目。

2.0.43 工程计量

发承包双方根据合同约定，对承包人完成合同工程的数量进行的计算和确认。

2.0.44 工程结算

发承包双方根据合同约定，对合同工程在实施中、终止时、已完工后进行的合同价款计算、调整和确认。包括期中结算、终止结算、竣工结算。

2.0.45 招标控制价

招标人根据国家或省级、行业建设主管部门颁发的有关计价依据和办法，以及拟定的招标文件和招标工程量清单，结合工程具体情况编制的招标工程的最高投标限价。

2.0.46 投标价

投标人投标时响应招标文件要求所报出的对已标价工程量清单汇总后标明的总价。

2.0.47 签约合同价（合同价款）

发承包双方在工程合同中约定的工程造价，即包括了分部分项工程费、措施项目费、其他项目费、规费和税金的合同总金额。

2.0.48　预付款

在开工前，发包人按照合同约定，预先支付给承包人用于购买合同工程施工所需的材料、工程设备，以及组织施工机械和人员进场等的款项。

2.0.49　进度款

在合同工程施工过程中，发包人按照合同约定对付款周期内承包人完成的合同价款给予支付的款项，也是合同价款期中结算支付。

2.0.50　合同价款调整

在合同价款调整因素出现后，发承包双方根据合同约定，对合同价款进行变动的提出、计算和确认。

2.0.51　竣工结算价

发承包双方依据国家有关法律、法规和标准规定，按照合同约定确定的，包括在履行合同过程中按合同约定进行的合同价款调整，是承包人按合同约定完成了全部承包工作后，发包人应付给承包人的合同总金额。

2.0.52　工程造价鉴定

工程造价咨询人接受人民法院、仲裁机关委托，对施工合同纠纷案件中的工程造价争议，运用专门知识进行鉴别、判断和评定，并提供鉴定意见的活动。也称为工程造价司法鉴定。

3　一般规定

3.1　计价方式

3.1.1　使用国有资金投资的建设工程发承包，必须采用工程量清单计价。

3.1.2　非国有资金投资的建设工程，宜采用工程量清单计价。

3.1.3　不采用工程量清单计价的建设工程，应执行本规范除工程量清单等专门性规定外的其他规定。

3.1.4　工程量清单应采用综合单价计价。

3.1.5　措施项目中的安全文明施工费必须按国家或省级、行业建设主管部门的规定计算，不得作为竞争性费用。

3.1.6　规费和税金必须按国家或省级、行业建设主管部门的规定计算，不得作为竞争性费用。

3.2　发包人提供材料和工程设备

3.2.1　发包人提供的材料和工程设备（以下简称甲供材料）应在招标文件中按照本规范附录 L.1 的规定填写《发包人提供材料和工程设备一览表》，写明甲供材料的名称、规格、数量、单价、交货方式、交货地点等。

承包人投标时，甲供材料单价应计入相应项目的综合单价中，签约后，发包人应按合同约定扣除甲供材料款，不予支付。

3.2.2　承包人应根据合同工程进度计划的安排，向发包人提交甲供材料交货的日期计划。发包人应按计划提供。

3.2.3　发包人提供的甲供材料如规格、数量或质量不符合合同要求，或由于发包人原因发生交货日期延误、交货地点及交货方式变更等情况的，发包人应承担由此增加的费用和（或）工期延误，并应向承包人支付合理利润。

3.2.4　发承包双方对甲供材料的数量发生争议不能达成一致的，应按照相关工程的计价定额同类项目规定的材料消耗量计算。

3.2.5　若发包人要求承包人采购已在招标文件中确定为甲供材料的，材料价格应由发承包双方根据市场调查确定，并应另行签订补充协议。

3.3　承包人提供材料和工程设备

3.3.1　除合同约定的发包人提供的甲供材料外，合同工程所需的材料和工程设备应由承包人提供，承包人提供的材料和工程设备均应由承包人负责采购、运输和保管。

3.3.2　承包人应按合同约定将采购材料和工程设备的供货人及品种、规格、数量和供货时间等提交发包人确认，并负责提供材料和工程设备的质量证明文件，满足合同约定的质量标准。

3.3.3　对承包人提供的材料和工程设备经检测不符合合同约定的质量标准，发包人应立即要求承包人更换，由此增加的费用和（或）工期延误应由承包人承担。对发包人要求检测承包人已具有合格证明的材料、工程设备，但经检测证明该项材料、工程设备符合合同约定的质量标准，发包人应承担由此增加的费用和（或）工期延误，并向承包人支付合理利润。

3.4　计价风险

3.4.1　建设工程发承包，必须在招标文件、合同中明确计价中的风险内容及其范围，不得采用无限风险、所有风险或类似语句规定计价中的风险内容及范围。

3.4.2　由于下列因素出现，影响合同价款调整的，应由发包人承担：

　　1　国家法律、法规、规章和政策发生变化；

　　2　省级或行业建设主管部门发布的人工费调整，但承包人对人工费或人工单价的报价高于发布的除外；

3　由政府定价或政府指导价管理的原材料等价格进行了调整。因承包人原因导致工期延误的，应按本规范第9.2.2条、第9.8.3条的规定执行。

3.4.3　由于市场物价波动影响合同价款的，应由发承包双方合理分摊，按本规范附录L.2或L.3填写《承包人提供主要材料和工程设备一览表》作为合同附件；当合同中没有约定，发承包双方发生争议时，应按本规范第9.8.1~9.8.3条的规定调整合同价款。

3.4.4　由于承包人使用机械设备、施工技术以及组织管理水平等自身原因造成施工费用增加的，应由承包人全部承担。

3.4.5　当不可抗力发生，影响合同价款时，应按本规范第9.10节的规定执行。

4　工程量清单编制

4.1　一般规定

4.1.1　招标工程量清单应由具有编制能力的招标人或受其委托、具有相应资质的工程造价咨询人编制。

4.1.2　招标工程量清单必须作为招标文件的组成部分，其准确性和完整性应由招标人负责。

4.1.3　招标工程量清单是工程量清单计价的基础，应作为编制招标控制价、投标报价、计算或调整工量、索赔等的依据之一。

4.1.4　招标工程量清单应以单位（项）工程为单位编制，应由分部分项工程项目清单、措施项目清单、其他项目清单、规费和税金项目清单组成。

4.1.5　编制招标工程量清单应依据：
1　本规范和相关工程的国家计量规范；
2　国家或省级、行业建设主管部门颁发的计价定额和办法；
3　建设工程设计文件及相关资料；
4　与建设工程有关的标准、规范、技术资料；
5　拟定的招标文件；
6　施工现场情况、地勘水文资料、工程特点及常规施工方案；
7　其他相关资料。

4.2　分部分项工程项目

4.2.1　分部分项工程项目清单必须载明项目编码、项目名称、项目特征、计量单位和工程量。

4.2.2　分部分项工程项目清单必须根据相关工程现行国家计量规范规定的项目编码、项目名称、项目特征、计量单位和工程量计算规则进行编制。

4.3　措施项目

4.3.1　措施项目清单必须根据相关工程现行国家计量规范的规定编制。

4.3.2　措施项目清单应根据拟建工程的实际情况列项。

4.4　其他项目

4.4.1　其他项目清单应按照下列内容列项：
1　暂列金额；
2　暂估价，包括材料暂估单价、工程设备暂估单价、专业工程暂估价；
3　计日工；
4　总承包服务费。

4.4.2　暂列金额应根据工程特点按有关计价规定估算。

4.4.3　暂估价中的材料、工程设备暂估单价应根据工程造价信息或参照市场价格估算，列出明细表；专业工程暂估价应分不同专业，按有关计价规定估算，列出明细表。

4.4.4　计日工应列出项目名称、计量单位和暂估数量。

4.4.5　总承包服务费应列出服务项目及其内容等。

4.4.6　出现本规范第4.4.1条未列的项目，应根据工程实际情况补充。

4.5　规费

4.5.1　规费项目清单应按照下列内容列项：
1　社会保险费：包括养老保险费、失业保险费、医疗保险费、工伤保险费、生育保险费；
2　住房公积金；
3　工程排污费。

4.5.2　出现本规范第4.5.1条未列的项目，应根据省级政府或省级有关部门的规定列项。

4.6　税金

4.6.1　税金项目清单应包括下列内容：
1　营业税；
2　城市维护建设税；
3　教育费附加；
4　地方教育附加。

4.6.2 出现本规范第 4.6.1 条未列的项目，应根据税务部门的规定列项。

5 招标控制价

5.1 一般规定

5.1.1 国有资金投资的建设工程招标，招标人必须编制招标控制价。

5.1.2 招标控制价应由具有编制能力的招标人或受其委托具有相应资质的工程造价咨询人编制和复核。

5.1.3 工程造价咨询人接受招标人委托编制招标控制价，不得再就同一工程接受投标人委托编制投标报价。

5.1.4 招标控制价应按照本规范第 5.2.1 条的规定编制，不应上调或下浮。

5.1.5 当招标控制价超过批准的概算时，招标人应将其报原概算审批部门审核。

5.1.6 招标人应在发布招标文件时公布招标控制价，同时应将招标控制价及有关资料报送工程所在地或有该工程管辖权的行业管理部门工程造价管理机构备查。

5.2 编制与复核

5.2.1 招标控制价应根据下列依据编制与复核：
1 本规范；
2 国家或省级、行业建设主管部门颁发的计价定额和计价办法；
3 建设工程设计文件及相关资料；
4 拟定的招标文件及招标工程量清单；
5 与建设项目相关的标准、规范、技术资料；
6 施工现场情况、工程特点及常规施工方案；
7 工程造价管理机构发布的工程造价信息，当工程造价信息没有发布时，参照市场价；
8 其他的相关资料。

5.2.2 综合单价中应包括招标文件中划分的应由投标人承担的风险范围及其费用。招标文件中没有明确的，如是工程造价咨询人编制，应提请招标人明确；如是招标人编制，应予明确。

5.2.3 分部分项工程和措施项目中的单价项目，应根据拟定的招标文件和招标工程量清单项目中的特征描述及有关要求确定综合单价计算。

5.2.4 措施项目中的总价项目应根据拟定的招标文件和常规施工方案按本规范第 3.1.4 条和 3.1.5 条的规定计价。

5.2.5 其他项目应按下列规定计价：
1 暂列金额应按招标工程量清单中列出的金额填写；
2 暂估价中的材料、工程设备单价应按招标工程量清单中列出的单价计入综合单价；
3 暂估价中的专业工程金额应按招标工程量清单中列出的金额填写；
4 计日工应按招标工程量清单中列出的项目根据工程特点和有关计价依据确定综合单价计算；
5 总承包服务费应根据招标工程量清单列出的内容和要求估算。

5.2.6 规费和税金应按本规范第 3.1.6 条的规定计算。

5.3 投诉与处理

5.3.1 投标人经复核认为招标人公布的招标控制价未按照本规范的规定进行编制的，应在招标控制价公布后 5 天内向招投标监督机构和工程造价管理机构投诉。

5.3.2 投诉人投诉时，应当提交由单位盖章和法定代表人或其委托人签名或盖章的书面投诉书。投诉书应包括下列内容：
1 投诉人与被投诉人的名称、地址及有效联系方式；
2 投诉的招标工程名称、具体事项及理由；
3 投诉依据及有关证明材料；
4 相关的请求及主张。

5.3.3 投诉人不得进行虚假、恶意投诉，阻碍招投标活动的正常进行。

5.3.4 工程造价管理机构在接到投诉书后应在 2 个工作日内进行审查，对有下列情况之一的，不予受理：
1 投诉人不是所投诉招标工程招标文件的收受人；
2 投诉书提交的时间不符合本规范第 5.3.1 条规定的；
3 投诉书不符合本规范第 5.3.2 条规定的；
4 投诉事项已进入行政复议或行政诉讼程序的。

5.3.5 工程造价管理机构应在不迟于结束审查的次日将是否受理投诉的决定书面通知投诉人、被投诉人以及负责该工程招投标监督的招投标管理机构。

5.3.6 工程造价管理机构受理投诉后，应立即对招标控制价进行复查，组织投诉人、被投诉人或其委托的招标控制价编制人等单位人员对投诉问题逐一核对。有关当事人应当予以配合，并应保证所提供资料的真实性。

5.3.7 工程造价管理机构应当在受理投诉的 10 天内完成复查，特殊情况下可适当延长，并做出书面结论通知投诉人、被投诉人及负责该工程招投标监督的招投标管理机构。

5.3.8 当招标控制价复查结论与原公布的招标控制价误差大于±3%时，应当责成招标人改正。

5.3.9 招标人根据招标控制价复查结论需要重新公布招标控制价的，其最终公布的时间至招标文件要求提交投标文件截止时间不足 15 天的，应相应延长投标文件的截止时间。

6　投标报价

6.1　一般规定

6.1.1 投标价应由投标人或受其委托具有相应资质的工程造价咨询人编制。

6.1.2 投标人应依据本规范第 6.2.1 条的规定自主确定投标报价。

6.1.3 投标报价不得低于工程成本。

6.1.4 投标人必须按招标工程量清单填报价格。项目编码、项目名称、项目特征、计量单位、工程量必须与招标工程量清单一致。

6.1.5 投标人的投标报价高于招标控制价的应予废标。

6.2　编制与复核

6.2.1 投标报价应根据下列依据编制和复核：

1 本规范；
2 国家或省级、行业建设主管部门颁发的计价办法；
3 企业定额，国家或省级、行业建设主管部门颁发的计价定额和计价办法；
4 招标文件、招标工程量清单及其补充通知、答疑纪要；
5 建设工程设计文件及相关资料；
6 施工现场情况、工程特点及投标时拟定的施工组织设计或施工方案；
7 与建设项目相关的标准、规范等技术资料；
8 市场价格信息或工程造价管理机构发布的工程造价信息；
9 其他的相关资料。

6.2.2 综合单价中应包括招标文件中划分的应由投标人承担的风险范围及其费用，招标文件中没有明确的，应提请招标人明确。

6.2.3 分部分项工程和措施项目中的单价项目，应根据招标文件和招标工程量清单项目中的特征描述确定综合单价计算。

6.2.4 措施项目中的总价项目金额应根据招标文件及投标时拟定的施工组织设计或施工方案，按本规范第 3.1.4 条的规定自主确定。其中安全文明施工费应按照本规范第 3.1.5 条的规定确定。

6.2.5 其他项目应按下列规定报价：

1 暂列金额应按招标工程量清单中列出的金额填写；
2 材料、工程设备暂估价应按招标工程量清单中列出的单价计入综合单价；
3 专业工程暂估价应按招标工程量清单中列出的金额填写；
4 计日工应按招标工程量清单中列出的项目和数量，自主确定综合单价并计算计日工金额；
5 总承包服务费应根据招标工程量清单中列出的内容和提出的要求自主确定。

6.2.6 规费和税金应按本规范第 3.1.6 条的规定确定。

6.2.7 招标工程量清单与计价表中列明的所有需要填写单价和合价的项目，投标人均应填写且只允许有一个报价。未填写单价和合价的项目，可视为此项费用已包含在已标价工程量清单中其他项目的单价和合价之中。当竣工结算时，此项目不得重新组价予以调整。

6.2.8 投标总价应当与分部分项工程费、措施项目费、其他项目费和规费、税金的合计金额一致。

7　合同价款约定

7.1　一般规定

7.1.1 实行招标的工程合同价款应在中标通知书发出之日起 30 天内，由发承包双方依据招标文件和中标人的投标文件在书面合同中约定。合同约定不得违背招标、投标文件中关于工期、造价、质量等方面的实质性内容。招标文件与中标人投标文件不一致的地方，应以投标文件为准。

7.1.2 不实行招标的工程合同价款，应在发承包双方认可的工程价款基础上，由发承包双方在合同中约定。

7.1.3 实行工程量清单计价的工程，应采用单价合同；建设规模较小，技术难度较低，工期较短，且施工图设计已审查批准的建设工程可采用总价合同；紧急抢险、救灾以及施工技术特别复杂的建设工程可采用成本加酬金合同。

7.2　约定内容

7.2.1　发承包双方应在合同条款中对下列事项进行约定：

　　1　预付工程款的数额、支付时间及抵扣方式；

　　2　安全文明施工措施的支付计划，使用要求等；

　　3　工程计量与支付工程进度款的方式、数额及时间；

　　4　工程价款的调整因素、方法、程序、支付及时间；

　　5　施工索赔与现场签证的程序、金额确认与支付时间；

　　6　承担计价风险的内容、范围以及超出约定内容、范围的调整办法；

　　7　工程竣工价款结算编制与核对、支付及时间；

　　8　工程质量保证金的数额、预留方式及时间；

　　9　违约责任以及发生合同价款争议的解决方法及时间；与履行合同、支付价款有关的其他事项等。

7.2.2　合同中没有按照本规范第 7.2.1 条的要求约定或约定不明的，若发承包双方在合同履行中发生争议由双方协商确定；当协商不能达成一致时，应按本规范的规定执行。

8　工程计量

8.1　一般规定

8.1.1　工程量必须按照相关工程现行国家计量规范规定的工程量计算规则计算。

8.1.2　工程计量可选择按月或按工程形象进度分段计量，具体计量周期应在合同中约定。

8.1.3　因承包人原因造成的超出合同工程范围施工或返工的工程量，发包人不予计量。

8.1.4　成本加酬金合同应按本规范第 8.2 节的规定计量。

8.2　单价合同的计量

8.2.1　工程量必须以承包人完成合同工程应予计量的工程量确定。

8.2.2　施工中进行工程计量，当发现招标工程量清单中出现缺项、工程量偏差，或因工程变更引起工程量增减时，应按承包人在履行合同义务中完成的工程量计算。

8.2.3　承包人应当按照合同约定的计量周期和时间向发包人提交当期已完工程量报告。发包人应在收到报告后 7 天内核实，并将核实计量结果通知承包人。发包人未在约定时间内进行核实的，承包人提交的计量报告中所列的工程量应视为

承包人实际完成的工程量。

8.2.4　发包人认为需要进行现场计量核实时，应在计量前 24 小时通知承包人，承包人应为计量提供便利条件并派人参加。当双方均同意核实结果时，双方应在上述记录上签字确认。承包人收到通知后不派人参加计量，视为认可发包人的计量核实结果。发包人不按照约定时间通知承包人，致使承包人未能派人参加计量，计量核实结果无效。

8.2.5　当承包人认为发包人核实后的计量结果有误时，应在收到计量结果通知后的 7 天内向发包人提出书面意见，并应附上其认为正确的计量结果和详细的计算资料。发包人收到书面意见后，应在 7 天内对承包人的计量结果进行复核后通知承包人。承包人对复核计量结果仍有异议的，按照合同约定的争议解决办法处理。

8.2.6　承包人完成已标价工程量清单中每个项目的工程量并经发包人核实无误后，发承包双方应对每个项目的历次计量报表进行汇总，以核实最终结算工程量，并应在汇总表上签字确认。

8.3　总价合同的计量

8.3.1　采用工程量清单方式招标形成的总价合同，其工程量应按照本规范第 8.2 节的规定计算。

8.3.2　采用经审定批准的施工图纸及其预算方式发包形成的总价合同，除按照工程变更规定的工程量增减外，总价合同各项目的工程量应为承包人用于结算的最终工程量。

8.3.3　总价合同约定的项目计量应以合同工程经审定批准的施工图纸为依据，发承包双方应在合同中约定工程计量的形象目标或时间节点进行计量。

8.3.4　承包人应在合同约定的每个计量周期内对已完成的工程进行计量，并向发包人提交达到工程形象目标完成的工程量和有关计量资料的报告。

8.3.5　发包人应在收到报告后 7 天内对承包人提交的上述资料进行复核，以确定实际完成的工程量和工程形象目标。对其有异议的，应通知承包人进行共同复核。

9　合同价款调整

9.1　一般规定

9.1.1　下列事项（但不限于）发生，发承包双方应当按照合同约定调整合同价款：

　　1　法律法规变化；

2 工程变更；

3 项目特征不符；

4 工程量清单缺项；

5 工程量偏差；

6 计日工；

7 物价变化；

8 暂估价；

9 不可抗力；

10 提前竣工（赶工补偿）；

11 误期赔偿；

12 索赔；

13 现场签证；

14 暂列金额；

15 发承包双方约定的其他调整事项。

9.1.2 出现合同价款调整事项（不含工程量偏差、计日工、现场签证、索赔）后的14天内，承包人应向发包人提交合同价款调增报告并附上相关资料；承包人在14天内未提交合同价款调增报告的，应视为承包人对该事项不存在调整价款请求。

9.1.3 出现合同价款调减事项（不含工程量偏差、索赔）后的14天内，发包人应向承包人提交合同价款调减报告并附相关资料；发包人在14天内未提交合同价款调减报告的，应视为发包人对该事项不存在调整价款请求。

9.1.4 发（承）包人应在收到承（发）包人合同价款调增（减）报告及相关资料之日起14天内对其核实，予以确认的应书面通知承（发）包人。当有疑问时，应向承（发）包人提出协商意见。发（承）包人在收到合同价款调增（减）报告之日起14天内未确认也未提出协商意见的，应视为承（发）包人提交的合同价款调增（减）报告已被发（承）包人认可。发（承）包人提出协商意见的，承（发）包人应在收到协商意见后的14天内对其核实，予以确认的应书面通知发（承）包人。承（发）包人在收到发（承）包人的协商意见后14天内既不确认也未提出不同意见的，应视为发（承）包人提出的意见已被承（发）包人认可。

9.1.5 发包人与承包人对合同价款调整的不同意见不能达成一致的，只要对发承包双方履约不产生实质影响，双方应继续履行合同义务，直到其按照合同约定的争议解决方式得到处理。

9.1.6 经发承包双方确认调整的合同价款，作为追加（减）合同价款，应与工程进度款或结算款同期支付。

9.2 法律法规变化

9.2.1 招标工程以投标截止日前28天、非招标工程以合同签订前28天为基准日，其后因国家的法律、法规、规章和政策发生变化引起工程造价增减变化的，发承包双方应按照省级或行业建设主管部门或其授权的工程造价管理机构据此发布的规定调整合同价款。

9.2.2 因承包人原因导致工期延误的，按本规范第9.2.1条规定的调整时间，在合同工程原定竣工时间之后，合同价款调增的不予调整，合同价款调减的予以调整。

9.3 工程变更

9.3.1 因工程变更引起已标价工程量清单项目或其工程数量发生变化时，应按照下列规定调整：

1 已标价工程量清单中有适用于变更工程项目的，应采用该项目的单价；但当工程变更导致该清单项目的工程数量发生变化，且工程量偏差超过15%时，该项目单价应按本规范第9.6.2条的规定调整。

2 已标价工程量清单中没有适用但有类似于变更工程项目的，可在合理范围内参照类似项目的单价。

3 已标价工程量清单中没有适用也没有类似于变更工程项目的，应由承包人根据变更工程资料、计量规则和计价办法、工程造价管理机构发布的信息价格和承包人报价浮动率提出变更工程项目的价，并应报发包人确认后调整。承包人报价浮动率可按下列公式计算：

招标工程:承包人报价浮动率 $L = (1 - 中标价 / 招标控制价) \times 100\%$

$$(9.3.1-1)$$

非招标工程:承包人报价浮动率 $L = (1 - 报价 / 施工图预算) \times 100\%$

$$(9.3.1-2)$$

4 已标价工程量清单中没有适用也没有类似于变更工程项目，且工程造价管理机构发布的信息价格缺价的，应由承包人根据变更工程资料、计量规则、计价办法和通过市场调查等取得有合法依据的市场价格提出变更工程项目的单价，并应报发包人确认后调整。

9.3.2 工程变更引起施工方案改变并使措施项目发生变化时，承包人提出调整措施项目费的，应事先将拟实施的方案提交发包人确认，并应详细说明与原方案措施项目相比的变化情况。拟实施的方案经发承包双方确认后执行，并应按照下列规定调整措施项目费：

  1 安全文明施工费应按照实际发生变化的措施项目依据本规范第3.1.5条的规定计算。

  2 采用单价计算的措施项目费，应按照实际发生变化的措施项目，按本规范第9.3.1条的规定确定单价。

  3 按总价（或系数）计算的措施项目费，按照实际发生变化的措施项目调整，但应考虑承包人报价浮动因素，即调整金额按照实际调整金额乘以本规范第9.3.1条规定的承包人报价浮动率计算。如果承包人未事先将拟实施的方案提交给发包人确认，则应视为工程变更不引起措施项目费的调整或承包人放弃调整措施项目费的权利。

9.3.3 当发包人提出的工程变更因非承包人原因删减了合同中的某项原定工作或工程，致使承包人发生的费用或（和）得到的收益不能被包括在其他已支付或应支付的项目中，也未被包含在任何替代的工作或工程中时，承包人有权提出并应得到合理的费用及利润补偿。

9.4 项目特征不符

9.4.1 发包人在招标工程量清单中对项目特征的描述，应被认为是准确的和全面的，并且与实际施工要求相符合。承包人应按照发包人提供的招标工程量清单，根据项目特征描述的内容及有关要求实施合同工程，直到项目被改变为止。

9.4.2 承包人应按照发包人提供的设计图纸实施合同工程，若在合同履行期间出现设计图纸（含设计变更）与招标工程量清单任一项目的特征描述不符，且该变化引起该项目工程造价增减变化的，应按实际施工的项目特征，按本规范第9.3节相关条款的规定重新确定相应工程量清单项目的综合单价，并调整合同价款。

9.5 工程量清单缺项

9.5.1 合同履行期间，由于招标工程量清单中缺项，新增分部分项工程清单项目的，应按照本规范第9.3.1条的规定确定单价，并调整合同价款。

9.5.2 新增分部分项工程清单项目后，引起措施项目发生变化的，应按照本规范第9.3.2条的规定，在承包人提交的实施方案被发包人批准后调整合同价款。

9.5.3 由于招标工程量清单中措施项目缺项，承包人应将新增措施项目实施方案提交发包人批准后，按照本规范第9.3.1条、第9.3.2条的规定调整合同价款。

9.6 工程量偏差

9.6.1 合同履行期间，当应予计算的实际工程量与招标工程量清单出现偏差，且符合本规范第9.6.2条、第9.6.3条规定时，发承包双方应调整合同价款。

9.6.2 对于任一招标工程量清单项目，当因本节规定的工程量偏差和第9.3节规定的工程变更等原因导致工程量偏差超过15％时，可进行调整。当工程量增加15％以上时，增加部分的工程量的综合单价应予调低；当工程量减少15％以上时，减少后剩余部分的工程量的综合单价应予调高。

9.6.3 当工程量出现本规范第9.6.2条的变化，且该变化引起相关措施项目相应发生变化时，按系数或单一总价方式计价的，工程量增加的措施项目费调增，工程量减少的措施项目费调减。

9.7 计日工

9.7.1 发包人通知承包人以计日工方式实施的零星工作，承包人应予执行。

9.7.2 采用计日工计价的任何一项变更工作，在该项变更的实施过程中，承包人应按合同约定提交下列报表和有关凭证送发包人复核：

  1 工作名称、内容和数量；

  2 投入该工作所有人员的姓名、工种、级别和耗用工时；

  3 投入该工作的材料名称、类别和数量；

  4 投入该工作的施工设备型号、台数和耗用台时；

  5 发包人要求提交的其他资料和凭证。

9.7.3 任一计日工项目持续进行时，承包人应在该项工作实施结束后的24小时内向发包人提交有计日工记录汇总的现场签证报告一式三份。发包人在收到承包人提交现场签证报告后的2天内予以确认并将其中一份返还给承包人，作为计日工计价和支付的依据。发包人逾期未确认也未提出修改意见的，应视为承包人提交的现场签证报告已被发包人认可。

9.7.4 任一计日工项目实施结束后，承包人应按照确认的计日工现场签证报告核实该类项目的工程数量，并应根据核实的工程数量和承包人已标价工程量清单中的计日工单价计算，提出应付价款；已标价工程量清单中没有该类计日工单价的，由发承包双方按本规范第9.3节的规定商定计日工单价计算。

9.7.5 每个支付期末，承包人应按照本规范第10.3节的规定向发包人提交本期间所有计日工记录的签证汇总表，并应说明本期间自己认为有权得到的计日工金额，调整合同价款，列入进度款支付。

9.8 物价变化

9.8.1 合同履行期间，因人工、材料、工程设备、机械台班价格波动影响合同价款时，应根据合同约定，按本规范附录 A 的方法之一调整合同价款。

9.8.2 承包人采购材料和工程设备的，应在合同中约定主要材料、工程设备价格变化的范围或幅度；当没有约定，且材料、工程设备单价变化超过 5％时，超过部分的价格应按照本规范附录 A 的方法计算调整材料、工程设备费。

9.8.3 发生合同工程工期延误的，应按照下列规定确定合同履行期的价格调整：

1 因非承包人原因导致工期延误的，计划进度日期后续工程的价格，应采用计划进度日期与实际进度日期两者的较高者；

2 因承包人原因导致工期延误的，计划进度日期后续工程的价格，应采用计划进度日期与实际进度日期两者的较低者。

9.8.4 发包人供应材料和工程设备的，不适用本规范第 9.8.1 条、第 9.8.2 条规定，应由发包人按照实际变化调整，列入合同工程的工程造价内。

9.9 暂估价

9.9.1 发包人在招标工程量清单中给定暂估价的材料、工程设备属于依法必须招标的，应由发承包双方以招标的方式选择供应商，确定价格，并应以此为依据取代暂估价，调整合同价款。

9.9.2 发包人在招标工程量清单中给定暂估价的材料、工程设备不属于依法必须招标的，应由承包人按照合同约定采购，经发包人确认单价后取代暂估价，调整合同价款。

9.9.3 发包人在工程量清单中给定暂估价的专业工程不属于依法必须招标的，应按照本规范第 9.3 节相应条款的规定确定专业工程价款，并应以此为依据取代专业工程暂估价，调整合同价款。

9.9.4 发包人在招标工程量清单中给定暂估价的专业工程，依法必须招标的，应当由发承包双方依法组织招标选择专业分包人，并接受有管辖权的建设工程招标投标管理机构的监督，还应符合下列要求：

1 除合同另有约定外，承包人不参加投标的专业工程发包招标，应由承包人作为招标人，但拟定的招标文件、评标工作、评标结果应报送发包人批准。与组织招标工作有关的费用应当被认为已经包括在承包人的签约合同价（投标总报价）中。

2 承包人参加投标的专业工程发包招标，应由发包人作为招标人，与组织招标工作有关的费用由发包人承担。同等条件下，应优先选择承包人中标。

3 应以专业工程发包中标价为依据取代专业工程暂估价，调整合同价款。

9.10 不可抗力

9.10.1 因不可抗力事件导致的人员伤亡、财产损失及其费用增加，发承包双方应按下列原则分别承担并调整合同价款和工期：

1 合同工程本身的损害、因工程损害导致第三方人员伤亡和财产损失以及运至施工场地用于施工的材料和待安装的设备的损害，应由发包人承担；

2 发包人、承包人人员伤亡应由其所在单位负责，并应承担相应费用；

3 承包人的施工机械设备损坏及停工损失，应由承包人承担；

4 停工期间，承包人应发包人要求留在施工场地的必要的管理人员及保卫人员的费用应由发包人承担；

5 工程所需清理、修复费用，应由发包人承担。

9.10.2 不可抗力解除后复工的，若不能按期竣工，应合理延长工期。发包人要求赶工的，赶工费用应由发包人承担。

9.10.3 因不可抗力解除合同的，应按本规范第 12.0.2 条的规定办理。

9.11 提前竣工（赶工补偿）

9.11.1 招标人应依据相关工程的工期定额合理计算工期，压缩的工期天数不得超过定额工期的 20％，超过者，应在招标文件中明示增加赶工费用。

9.11.2 发包人要求合同工程提前竣工的，应征得承包人同意后与承包人商定采取加快工程进度的措施，并应修订合同工程进度计划。发包人应承担承包人由此增加的提前竣工（赶工补偿）费用。

9.11.3 发承包双方应在合同中约定提前竣工每日历天应补偿额度，此项费用应作为增加合同价款列入竣工结算文件中，应与结算款一并支付。

9.12 误期赔偿

9.12.1 承包人未按照合同约定施工，导致实际进度迟于计划进度的，承包人应加快进度，实现合同工期。合同工程发生误期，承包人应赔偿发包人由此造成的损失，并应按照合同约定向发包人支付误期赔偿费。即使承包人支付误期赔偿费，也不能免除承包人按照合同约定应承担的任何责任和应履行的任何义务。

9.12.2 发承包双方应在合同中约定误期赔偿费，并应明确每日历天应赔额度。误期赔偿费应列入竣工结算文件中，并应在结算款中扣除。

9.12.3 在工程竣工之前，合同工程内的某单项（位）工程已通过了竣工验收，且该单项（位）工程接收证书中表明的竣工日期并未延误，而是合同工程的其他部分产生了工期延误时，误期赔偿费应按照已颁发工程接收证书的单项（位）工程造价占合同价款的比例幅度予以扣减。

9.13 索赔

9.13.1 当合同一方向另一方提出索赔时，应有正当的索赔理由和有效证据，并应符合合同的相关约定。

9.13.2 根据合同约定，承包人认为非承包人原因发生的事件造成了承包人的损失，应按下列程序向发包人提出索赔：

1 承包人应在知道或应当知道索赔事件发生后 28 天内，向发包人提交索赔意向通知书，说明发生索赔事件的事由。承包人逾期未发出索赔意向通知书的，丧失索赔的权利。

2 承包人应在发出索赔意向通知书后 28 天内，向发包人正式提交索赔通知书。索赔通知书应详细说明索赔理由和要求，并应附必要的记录和证明材料。

3 索赔事件具有连续影响的，承包人应继续提交延续索赔通知，说明连续影响的实际情况和记录。

4 在索赔事件影响结束后的 28 天内，承包人应向发包人提交最终索赔通知书，说明最终索赔要求，并应附必要的记录和证明材料。

9.13.3 承包人索赔应按下列程序处理：

1 发包人收到承包人的索赔通知书后，应及时查验承包人的记录和证明材料。

2 发包人应在收到索赔通知书或有关索赔的进一步证明材料后的 28 天内，将索赔处理结果答复承包人，如果发包人逾期未做出答复，视为承包人索赔要求已被发包人认可。

3 承包人接受索赔处理结果的，索赔款项应作为增加合同价款，在当期进度款中进行支付；承包人不接受索赔处理结果的，应按合同约定的争议解决方式办理。

9.13.4 承包人要求赔偿时，可以选择下列一项或几项方式获得赔偿：

1 延长工期；

2 要求发包人支付实际发生的额外费用；

3 要求发包人支付合理的预期利润；

4 要求发包人按合同的约定支付违约金。

9.13.5 当承包人的费用索赔与工期索赔要求相关联时，发包人在做出费用索赔的批准决定时，应结合工程延期，综合做出费用赔偿和工程延期的决定。

9.13.6 发承包双方在按合同约定办理了竣工结算后，应被认为承包人已无权再提出竣工结算前所发生的任何索赔。承包人在提交的最终结清申请中，只限于提出竣工结算后的索赔，提出索赔的期限应自发承包双方最终结清时终止。

9.13.7 根据合同约定，发包人认为由于承包人的原因造成发包人的损失，宜按承包人索赔的程序进行索赔。

9.13.8 发包人要求赔偿时，可以选择下列一项或几项方式获得赔偿：

1 延长质量缺陷修复期限；

2 要求承包人支付实际发生的额外费用；

3 要求承包人按合同的约定支付违约金。

9.13.9 承包人应付给发包人的索赔金额可从拟支付给承包人的合同价款中扣除，或由承包人以其他方式支付给发包人。

9.14 现场签证

9.14.1 承包人应发包人要求完成合同以外的零星项目、非承包人责任事件等工作的，发包人应及时以书面形式向承包人发出指令，并应提供所需的相关资料；承包人在收到指令后，应及时向发包人提出现场签证要求。

9.14.2 承包人应在收到发包人指令后的 7 天内向发包人提交现场签证报告，发包人应在收到现场签证报告后的 48 小时内对报告内容进行核实，予以确认或提出修改意见。发包人在收到承包人现场签证报告后的 48 小时内未确认也未提出修改意见的，应视为承包人提交的现场签证报告已被发包人认可。

9.14.3 现场签证的工作如已有相应的计日工单价，现场签证中应列明完成该类项目所需的人工、材料、工程设备和施工机械台班的数量。如现场签证的工作没有相应的计日工单价，应在现场签证报告中列明完成该签证工作所需的人工、材料设备和施工机械台班的数量及单价。

9.14.4 合同工程发生现场签证事项，未经发包人签证确认，承包人便擅自施工的，除非征得发包人书面同意，否则发生的费用应由承包人承担。

9.14.5 现场签证工作完成后的 7 天内，承包人应按照现场签证内容计算价款，报送发包人确认后，作为增加合同价款，与进度款同期支付。

9.14.6 在施工过程中，当发现合同工程内容因场地条件、地质水文、发包人要求等不一致时，承包人应提供所需的相关资料，并提交发包人签证认可，作为合同价款调整的依据。

9.15 暂列金额

9.15.1 已签约合同价中的暂列金额应由发包人掌握使用。

9.15.2 发包人按照本规范第 9.1 节至第 9.14 节的规定支付后，暂列金额余额应归发包人所有。

10 合同价款期中支付

10.1 预付款

10.1.1 承包人应将预付款专用于合同工程。

10.1.2 包工包料工程的预付款的支付比例不得低于签约合同价（扣除暂列金额）的 10%，不宜高于签约合同价（扣除暂列金额）的 30%。

10.1.3 承包人应在签订合同或向发包人提供与预付款等额的预付款保函后向发包人提交预付款支付申请。

10.1.4 发包人应在收到支付申请的 7 天内进行核实，向承包人发出预付款支付证书，并在签发支付证书后的 7 天内向承包人支付预付款。

10.1.5 发包人没有按合同约定按时支付预付款的，承包人可催告发包人支付；发包人在预付款期满后的 7 天内仍未支付的，承包人可在付款期满后的第 8 天起暂停施工。发包人应承担由此增加的费用和延误的工期，并应向承包人支付合理利润。

10.1.6 预付款应从每一个支付期应支付给承包人的工程进度款中扣回，直到扣回的金额达到合同约定的预付款金额为止。

10.1.7 承包人的预付款保函的担保金额根据预付款扣回的数额相应递减，但在预付款全部扣回之前一直保持有效。发包人应在预付款扣完后的 14 天内将预付款保函退还给承包人。

10.2 安全文明施工费

10.2.1 安全文明施工费包括的内容和使用范围，应符合国家有关文件和计量规范的规定。

10.2.2 发包人应在工程开工后的 28 天内预付不低于当年施工进度计划的安全文明施工费总额的 60%，其余部分应按照提前安排的原则进行分解，并应与进度款同期支付。

10.2.3 发包人没有按时支付安全文明施工费的，承包人可催告发包人支付；发包人在付款期满后的 7 天内仍未支付的，若发生安全事故，发包人应承担相应责任。

10.2.4 承包人对安全文明施工费应专款专用，在财务账目中应单独列项备查，不得挪作他用，否则发包人有权要求其限期改正；逾期未改正的，造成的损失和延误的工期应由承包人承担。

10.3 进度款

10.3.1 发承包双方应按照合同约定的时间、程序和方法，根据工程计量结果，办理期中价款结算，支付进度款。

10.3.2 进度款支付周期应与合同约定的工程计量周期一致。

10.3.3 已标价工程量清单中的单价项目，承包人应按工程计量确认的工程量与综合单价计算；综合单价发生调整的，以发承包双方确认调整的综合单价计算进度款。

10.3.4 已标价工程量清单中的总价项目和按照本规范第 8.3.2 条规定形成的总价合同，承包人应按合同中约定的进度款支付分解，分别列入进度款支付申请中的安全文明施工费和本周期应支付的总价项目的金额中。

10.3.5 发包人提供的甲供材料金额，应按照发包人签约提供的单价和数量从进度款支付中扣除，列入本周期应扣减的金额中。

10.3.6 承包人现场签证和得到发包人确认的索赔金额应列入本周期应增加的金额中。

10.3.7 进度款的支付比例按照合同约定，按期中结算价款总额计，不低于 60%，不高于 90%。

10.3.8 承包人应在每个计量周期到期后的 7 天内向发包人提交已完工程进度款支付申请一式四份，详细说明此周期认为有权得到的款额，包括分包人已完工程的价款。支付申请应包括下列内容：

1 累计已完成的合同价款。

2 累计已实际支付的合同价款。

3 本周期合计完成的合同价款：

　　1）本周期已完成单价项目的金额；

　　2）本周期应支付的总价项目的金额；

　　3）本周期已完成的计日工价款；

　　4）本周期应支付的安全文明施工费；

　　5）本周期应增加的金额。

4 本周期合计应扣减的金额：

　　1）本周期应扣回的预付款；

　　2）本周期应扣减的金额。

　　5　本周期实际应支付的合同价款。

10.3.9　发包人应在收到承包人进度款支付申请后的 14 天内，根据计量结果和合同约定对申请内容予以核实，确认后向承包人出具进度款支付证书。若发承包双方对部分清单项目的计量结果出现争议，发包人应对无争议部分的工程计量结果向承包人出具进度款支付证书。

10.3.10　发包人应在签发进度款支付证书后的 14 天内，按照支付证书列明的金额向承包人支付进度款。

10.3.11　若发包人逾期未签发进度款支付证书，则视为承包人提交的进度款支付申请已被发包人认可，承包人可向发包人发出催告付款的通知。发包人应在收到通知后的 14 天内，按照承包人支付申请的金额向承包人支付进度款。

10.3.12　发包人未按照本规范第 10.3.9～10.3.11 条的规定支付进度款的，承包人可催告发包人支付，并有权获得延迟支付的利息；发包人在付款期满后的 7 天内仍未支付的，承包人可在付款期满后的第 8 天起暂停施工。发包人应承担由此增加的费用和延误的工期，向承包人支付合理利润，并应承担违约责任。

10.3.13　发现已签发的任何支付证书有错、漏或重复的数额，发包人有权予以修正，承包人也有权提出修正申请。经发承包双方复核同意修正的，应在本次到期的进度款中支付或扣除。

11　竣工结算与支付

11.1　一般规定

11.1.1　工程完工后，发承包双方必须在合同约定时间内办理工程竣工结算。

11.1.2　工程竣工结算应由承包人或受其委托具有相应资质的工程造价咨询人编制，并应由发包人或受其委托具有相应资质的工程造价咨询人核对。

11.1.3　当发承包双方或一方对工程造价咨询人出具的竣工结算文件有异议时，可向工程造价管理机构投诉，申请对其进行执业质量鉴定。

11.1.4　工程造价管理机构对投诉的竣工结算文件进行质量鉴定，宜按本规范第 14 章的相关规定进行。

11.1.5　竣工结算办理完毕，发包人应将竣工结算文件报送工程所在地或有该工程管辖权的行业管理部门的工程造价管理机构备案，竣工结算文件应作为工程竣工验收备案、交付使用的必备文件。

11.2　编制与复核

11.2.1　工程竣工结算应根据下列依据编制和复核：

　　1　本规范；

　　2　工程合同；

　　3　发承包双方实施过程中已确认的工程量及其结算的合同价款；

　　4　发承包双方实施过程中已确认调整后追加（减）的合同价款；

　　5　建设工程设计文件及相关资料；

　　6　投标文件；

　　7　其他依据。

11.2.2　分部分项工程和措施项目中的单价项目应依据发承包双方确认的工程量与已标价工程量清单的综合单价计算；发生调整的，应以发承包双方确认调整的综合单价计算。

11.2.3　措施项目中的总价项目应依据已标价工程量清单的项目和金额计算；发生调整的，应以发承包双方确认调整的金额计算，其中安全文明施工费应按本规范第 3.1.5 条的规定计算。

11.2.4　其他项目应按下列规定计价：

　　1　计日工应按发包人实际签证确认的事项计算；

　　2　暂估价应按本规范第 9.9 节的规定计算；

　　3　总承包服务费应依据已标价工程量清单金额计算；发生调整的，应以发承包双方确认调整的金额计算；

　　4　索赔费用应依据发承包双方确认的索赔事项和金额计算；

　　5　现场签证费用应依据发承包双方签证资料确认的金额计算；

　　6　暂列金额应减去合同价款调整（包括索赔、现场签证）金额计算，如有余额归发包人。

11.2.5　规费和税金应按本规范第 3.1.6 条的规定计算。规费中的工程排污费应按工程所在地环境保护部门规定的标准缴纳后按实列入。

11.2.6　发承包双方在合同工程实施过程中已经确认的工程计量结果和合同款，在竣工结算办理中应直接进入结算。

11.3　竣工结算

11.3.1　合同工程完工后，承包人应在经发承包双方确认的合同工程期中价款结算的基础上汇总编制完成竣工结算文件，应在提交竣工验收申请的同时向发包人提交竣工结算文件。承包人未在合同约定的时间内提交竣工结算文件，经发包人催告后 14 天内仍未提交或没有明确答复的，发包人有权根据已有资料编制竣工结算文件，作为办理竣工结算和支付结算款的依据，承包人应予以认可。

11.3.2 发包人应在收到承包人提交的竣工结算文件后的 28 天内核对。发包人经核实，认为承包人应进一步补充资料和修改结算文件，应在上述时限内向承包人提出核实意见，承包人在收到核实意见后 28 天内应按照发包人提出的合理要求补充资料，修改竣工结算文件，并应再次提交给发包人复核后批准。

11.3.3 发包人应在收到承包人再次提交的竣工结算文件后的 28 天内予以复核，将复核结果通知承包人，并应遵守下列规定：

1 发包人、承包人对复核结果无异议的，应在 7 天内在竣工结算文件上签字确认，竣工结算办理完毕；

2 发包人或承包人对复核结果认为有误的，无异议部分按照本条第 1 款规定办理不完全竣工结算；有异议部分由发承包双方协商解决；协商不成的，应按照合同约定的争议解决方式处理。

11.3.4 发包人在收到承包人竣工结算文件后的 28 天内，不核对竣工结算或未提出核对意见的，应视为承包人提交的竣工结算文件已被发包人认可，竣工结算办理完毕。

11.3.5 承包人在收到发包人提出的核实意见后的 28 天内，不确认也未提出异议的，应视为发包人提出的核实意见已被承包人认可，竣工结算办理完毕。

11.3.6 发包人委托工程造价咨询人核对竣工结算的，工程造价咨询人应在 28 天内核对完毕，核对结论与承包人竣工结算文件不一致的，应提交给承包人复核；承包人应在 14 天内将同意核对结论或不同意见的说明提交工程造价咨询人。工程造价咨询人收到承包人提出的异议后，应再次复核，复核无异议的，应按本规范第 11.3.3 条第 1 款的规定办理，复核后仍有异议的，按本规范第 11.3.3 条第 2 款的规定办理。承包人逾期未提出书面异议的，应视为工程造价咨询人核对的竣工结算文件已经承包人认可。

11.3.7 对发包人或发包人委托的工程造价咨询人指派的专业人员与承包人指派的专业人员经核对后无异议并签名确认的竣工结算文件，除非发包人能提出具体、详细的不同意见，发承包人都应在竣工结算文件上签名确认，如其中一方拒不签认的，按下列规定办理：

1 若发包人拒不签认的，承包人可不提供竣工验收备案资料，并有权拒绝与发包人或其上级部门委托的工程造价咨询人重新核对竣工结算文件；

2 若承包人拒不签认的，发包人要求办理竣工验收备案的，承包人不得拒绝提供竣工验收资料，否则，由此造成的损失，承包人承担相

应责任。

11.3.8 合同工程竣工结算核对完成，发承包双方签字确认后，发包人不得要求承包人与另一个或多个工程造价咨询人重复核对竣工结算。

11.3.9 发包人对工程质量有异议，拒绝办理工程竣工结算的，已竣工验收或已竣工未验收但实际投入使用的工程，其质量争议应按该工程保修合同执行，竣工结算应按合同约定办理；已竣工未验收且未实际投入使用的工程以及停工、停建工程的质量争议，双方应就有争议的部分委托有资质的检测鉴定机构进行检测，并应根据检测结果确定解决方案，或按工程质量监督机构的处理决定执行后办理竣工结算，无争议部分的竣工结算应按合同约定办理。

11.4 结算款支付

11.4.1 承包人应根据办理的竣工结算文件向发包人提交竣工结算款支付申请。申请应包括下列内容：

1 竣工结算合同价款总额；

2 累计已实际支付的合同价款；

3 应预留的质量保证金；

4 实际应支付的竣工结算款金额。

11.4.2 发包人应在收到承包人提交竣工结算款支付申请后 7 天内予以核实，向承包人签发竣工结算支付证书。

11.4.3 发包人签发竣工结算支付证书后的 14 天内，应按照竣工结算支付证书列明的金额向承包人支付结算款。

11.4.4 发包人在收到承包人提交的竣工结算款支付申请后 7 天内不予核实，不向承包人签发竣工结算支付证书的，视为承包人的竣工结算款支付申请已被发包人认可；发包人应在收到承包人提交的竣工结算款支付申请 7 天后的 14 天内，按照承包人提交的竣工结算款支付申请列明的金额向承包人支付结算款。

11.4.5 发包人未按照本规范第 11.4.3 条、第 11.4.4 条规定支付竣工结算款的，承包人可催告发包人支付，并有权获得延迟支付的利息。发包人在竣工结算支付证书签发后或者在收到承包人提交的竣工结算款支付申请 7 天后的 56 天内仍未支付的，除法律另有规定外，承包人可与发包人协商将该工程折价，也可直接向人民法院申请将该工程依法拍卖。承包人应就该工程折价或拍卖的价款优先受偿。

11.5 质量保证金

11.5.1 发包人应按照合同约定的质量保证金比例从结算款中预留质量保证金。

11.5.2 承包人未按照合同约定履行属于自身责任的工程缺陷修复义务的，发包人有权从质量保证金中扣除用于缺陷修复的各项支出。经查验，工程缺陷属于发包人原因造成的，应由发包人承担查验和缺陷修复的费用。

11.5.3 在合同约定的缺陷责任期终止后，发包人应按照本规范第 11.6 节的规定，将剩余的质量保证金返还给承包人。

11.6 最终结清

11.6.1 缺陷责任期终止后，承包人应按照合同约定向发包人提交最终结清支付申请。发包人对最终结清支付申请有异议的，有权要求承包人进行修正和提供补充资料。承包人修正后，应再次向发包人提交修正后的最终结清支付申请。

11.6.2 发包人应在收到最终结清支付申请后的 14 天内予以核实，并应向承包人签发最终结清支付证书。

11.6.3 发包人应在签发最终结清支付证书后的 14 天内，按照最终结清支付证书列明的金额向承包人支付最终结清款。

11.6.4 发包人未在约定的时间内核实，又未提出具体意见的，应视为承包人提交的最终结清支付申请已被发包人认可。

11.6.5 发包人未按期最终结清支付的，承包人可催告发包人支付，并有权获得延迟支付的利息。

11.6.6 最终结清时，承包人被预留的质量保证金不足以抵减发包人工程缺陷修复费用的，承包人应承担不足部分的补偿责任。

11.6.7 承包人对发包人支付的最终结清款有异议的，应按照合同约定的争议解决方式处理。

12 合同解除的价款结算与支付

12.0.1 发承包双方协商一致解除合同的，应按照达成的协议办理结算和支付合同价款。

12.0.2 由于不可抗力致使合同无法履行解除合同的，发包人应向承包人支付合同解除之日前已完工程但尚未支付的合同价款，此外，还应支付下列金额：

1 本规范第 9.11.1 条规定的由发包人承担的费用。

2 已实施或部分实施的措施项目应付价款。

3 承包人为合同工程合理订购且已交付的材料和工程设备货款。

4 承包人撤离现场所需的合理费用，包括员工遣送费和临时工程拆除、施工设备运离现场的费用。

5 承包人为完成合同工程而预期开支的任何合理费用，且该项费用未包括在本款其他各项支付之内。发承包双方办理结算合同价款时，应扣除合同解除之日前发包人应向承包人收回的价款。当发包人应扣除的金额超过了应支付的金额，承包人应在合同解除后的 56 天内将其差额退还给发包人。

12.0.3 因承包人违约解除合同的，发包人应暂停向承包人支付任何价款。发包人应在合同解除后 28 天内核实合同解除时承包人已完成的全部合同价款以及按施工进度计划已运至现场的材料和工程设备货款，按合同约定核算承包人应支付的违约金以及造成损失的索赔金额，并将结果通知承包人。发承包双方应在 28 天内予以确认或提出意见，并应办理结算合同价款。如果发包人应扣除的金额超过了应支付的金额，承包人应在合同解除后的 56 天内将其差额退还给发包人。发承包双方不能就解除合同后的结算达成一致的，按照合同约定的争议解决方式处理。

12.0.4 因发包人违约解除合同的，发包人除应按照本规范第 12.0.2 条的规定向承包人支付各项价款外，应按合同约定核算发包人应支付的违约金以及给承包人造成损失或损害的索赔金额费用。该笔费用应由承包人提出，发包人核实后应与承包人协商确定后的 7 天内向承包人签发支付证书。协商不能达成一致的，应按照合同约定的争议解决方式处理。

13 合同价款争议的解决

13.1 监理或造价工程师暂定

13.1.1 若发包人和承包人之间就工程质量、进度、价款支付与扣除、工期延期、索赔、价款调整等发生任何法律上、经济上或技术上的争议，首先应根据已签约合同的规定，提交合同约定职责范围的总监理工程师或造价工程师解决，并应抄送另一方。总监理工程师或造价工程师在收到此提交件后 14 天内应将暂定结果通知发包人和承包人。发承包双方对暂定结果认可的，应以书面形式予以确认，暂定结果成为最终决定。

13.1.2 发承包双方在收到总监理工程师或造价工程师的暂定结果通知之后的 14 天内未对暂定结果予以确认也未提出不同意见的，应视为发承包双方已认可该暂定结果。

13.1.3 发承包双方或一方不同意暂定结果的，应以书面形式向总监理工程师或造价工程师提出，说明自己认为正确的结果，同时抄送另一方，此时该暂定结果成为争议。在暂定结果对发承包双方当事人履约不产生实质影响的前提下，发承包双方应实施该结果，直到按照发承包双方认可的争议解决办法被改变为止。

13.2 管理机构的解释或认定

13.2.1 合同价款争议发生后，发承包双方可就工程计价依据的争议以书面形式提请工程造价管理机构对争议以书面文件进行解释或认定。

13.2.2 工程造价管理机构应在收到申请的 10 个工作日内就发承包双方提请的争议问题进行解释或认定。

13.2.3 发承包双方或一方在收到工程造价管理机构书面解释或认定后仍可按照合同约定的争议解决方式提请仲裁或诉讼。除工程造价管理机构的上级管理部门做出了不同的解释或认定，或在仲裁或法院判决中不予采信的外，工程造价管理机构做出的书面解释或认定应为最终结果，并应对发承包双方均有约束力。

13.3 协商和解

13.3.1 合同价款争议发生后，发承包双方任何时候都可以进行协商。协商达成一致的，双方应签订书面和解协议，和解协议对发承包双方均有约束力。

13.3.2 如果协商不能达成一致协议，发包人或承包人都可以按合同约定的其他方式解决争议。

13.4 调解

13.4.1 发承包双方应在合同中约定或在合同签订后共同约定争议调解人，负责双方在合同履行过程中发生争议的调解。

13.4.2 合同履行期间，发承包双方可协议调换或终止任何调解人，但发包人或承包人都不能单独采取行动。除非双方另有协议，在最终结清支付证书生效后，调解人的任期应即终止。

13.4.3 如果发承包双方发生了争议，任何一方可将该争议以书面形式提交调解人，并将副本抄送另一方，委托调解人调解。

13.4.4 发承包双方应按照调解人提出的要求，给调解人提供所需要的资料、现场进入权及相应设施。调解人被视为不是在进行仲裁人的工作。

13.4.5 调解人应在收到调解委托后 28 天内或由调解人建议并经发承包双方认可的其他期限内提出调解书，发承包双方接受调解书的，经双方签字后作为合同的补充文件，对发承包双方均具有约束力，双方都应立即遵照执行。

13.4.6 当发承包双方中任一方对调解人的调解书有异议时，应在收到调解书后 28 天内向另一方发出异议通知，并应说明争议的事项和理由。但除非并直到调解

书在协商和解或仲裁裁决、诉讼判决中做出修改，或合同已经解除，承包人应继续按照合同实施工程。

13.4.7 当调解人已就争议事项向发承包双方提交了调解书，而任一方在收到调解书后 28 天内均未发出表示异议的通知时，调解书对发承包双方应均具有约束力。

13.5 仲裁、诉讼

13.5.1 发承包双方的协商和解或调解均未达成一致意见，其中的一方已就此争议事项根据合同约定 1 的仲裁协议申请仲裁，应同时通知另一方。

13.5.2 仲裁可在竣工之前或之后进行，但发包人、承包人、调解人各自的义务不得因在工程实施期间进行仲裁而有所改变。当仲裁是在仲裁机构要求停止施工的情况下进行时，承包人应对合同工程采取保护措施，由此增加的费用应由败诉方承担。

13.5.3 在本规范第 13.1 节至第 13.4 节规定的期限之内，暂定或和解协议或调解书已经有约束力的情况下，当发承包中一方未能遵守暂定或和解协议或调解书时，另一方可在不损害他可能具有的任何其他权利的情况下，将未能遵守暂定或不执行和解协议或调解书达成的事项提交仲裁。

13.5.4 发包人、承包人在履行合同时发生争议，双方不愿和解、调解或者和解、调解不成，又没有达成仲裁协议的，可依法向人民法院提起诉讼。

14 工程造价鉴定

14.1 一般规定

14.1.1 在工程合同价款纠纷案件处理中，需作工程造价司法鉴定的，应委托具有相应资质的工程造价咨询人进行。

14.1.2 工程造价咨询人接受委托时提供工程造价司法鉴定服务，应按仲裁、诉讼程序和要求进行，并应符合国家关于司法鉴定的规定。

14.1.3 工程造价咨询人进行工程造价司法鉴定时，应指派专业对口、经验丰富的注册造价工程师承担鉴定工作。

14.1.4 工程造价咨询人应在收到工程造价司法鉴定资料后 10 天内，根据自身专业能力和证据资料判断能否胜任该项委托，如不能，应辞去该项委托。工程造价咨询人不得在鉴定期满后以上述理由不做出鉴定结论，影响案件处理。

14.1.5 接受工程造价司法鉴定委托的工程造价咨询人或造价工程师如是鉴定项目一方当事人的近亲属或代理人、咨询人以及其他关系可能影响鉴定公正的，应

当自行回避；未自行回避，鉴定项目委托人以该理由要求其回避的，必须回避。

14.1.6 工程造价咨询人应当依法出庭接受鉴定项目当事人对工程造价司法鉴定意见书的质询。如确因特殊原因无法出庭的，经审理该鉴定项目的仲裁机关或人民法院准许，可以书面形式答复当事人的质询。

14.2 取证

14.2.1 工程造价咨询人进行工程造价鉴定工作时，应自行收集以下（但不限于）鉴定资料：

1 适用于鉴定项目的法律、法规、规章、规范性文件以及规范、标准、定额；

2 鉴定项目同时期同类型工程的技术经济指标及其各类要素价格等。

14.2.2 工程造价咨询人收集鉴定项目的鉴定依据时，应向鉴定项目委托人提出具体书面要求，其内容包括：

1 与鉴定项目相关的合同、协议及其附件；

2 相应的施工图纸等技术经济文件；

3 施工过程中的施工组织、质量、工期和造价等工程资料；

4 存在争议的事实及各方当事人的理由；

5 其他有关资料。

14.2.3 工程造价咨询人在鉴定过程中要求鉴定项目当事人对缺陷资料进行补充的，应征得鉴定项目委托人同意，或者协调鉴定项目各方当事人共同签认。

14.2.4 根据鉴定工作需要现场勘验的，工程造价咨询人应提请鉴定项目委托人组织各方当事人对被鉴定项目所涉及的实物标的进行现场勘验。

14.2.5 勘验现场应制作勘验记录、笔录或勘验图表，记录勘验的时间、地点、勘验人、在场人、勘验经过、结果，由勘验人、在场人签名或者盖章确认。绘制的现场图应注明绘制的时间、测绘人姓名、身份等内容。必要时应采取拍照或摄像取证，留下影像资料。

14.2.6 鉴定项目当事人未对现场勘验图表或勘验笔录等签字确认的，工程造价咨询人应提请鉴定项目委托人决定处理意见，并在鉴定意见书中做出表述。

14.3 鉴定

14.3.1 工程造价咨询人在鉴定项目合同有效的情况下应根据合同约定进行鉴定，不得任意改变双方合法的合意。

14.3.2 工程造价咨询人在鉴定项目合同无效或合同条款约定不明确的情况下应根据法律法规、相关国家标准和本规范的规定，选择相应专业工程的计价依据和

方法进行鉴定。

14.3.3 工程造价咨询人出具正式鉴定意见书之前，可报请鉴定项目委托人向鉴定项目各方当事人发出鉴定意见书征求意见稿，并指明应书面答复的期限及其不答复的相应法律责任。

14.3.4 工程造价咨询人收到鉴定项目各方当事人对鉴定意见书征求意见稿的书面复函后，应对不同意见认真复核，修改完善后再出具正式鉴定意见书。

14.3.5 工程造价咨询人出具的工程造价鉴定书应包括下列内容：

1 鉴定项目委托人名称、委托鉴定的内容；

2 委托鉴定的证据材料；

3 鉴定的依据及使用的专业技术手段；

4 对鉴定过程的说明；

5 明确的鉴定结论；

6 其他需说明的事宜；

7 工程造价咨询人盖章及注册造价工程师签名盖执业专用章。

14.3.6 工程造价咨询人应在委托鉴定项目的鉴定期限内完成鉴定工作，如确因特殊原因不能在原定期限内完成鉴定工作时，应按照相应法规提前向鉴定项目委托人申请延长鉴定期限，并应在此期限内完成鉴定工作。经鉴定项目委托人同意等待鉴定项目当事人提交、补充证据的，质证所用的时间不应计入鉴定期限。

14.3.7 对于已经出具的正式鉴定意见书中有部分缺陷的鉴定结论，工程造价咨询人应通过补充鉴定做出补充结论。

15 工程计价资料与档案

15.1 计价资料

15.1.1 发承包双方应当在合同中约定各自在合同工程中现场管理人员的职责范围，双方现场管理人员在职责范围内签字确认的书面文件是工程计价的有效凭证，但如有其他有效证据或经实证证明其是虚假的除外。

15.1.2 发承包双方不论在何种场合对与工程计价有关的事项所给予的批准、证明、同意、指令、商定、确定、确认、通知和请求，或表示同意、否定、提出要求和意见等，均应采用书面形式，口头指令不得作为计价凭证。

15.1.3 任何书面文件送达时，应由对方签收，通过邮寄应采用挂号、特快专递传送，或以发承包双方商定的电子传输方式发送，交付、传送或传输至指定的接收人的地址。如接收人通知了另外地址时，随后通信信息应按新地址发送。

15.1.4 发承包双方分别向对方发出的任何书面文件，均应将其抄送现场管理人员，如系复印件应加盖合同工程管理机构印章，证明与原件相同。双方现场管理人员向对方所发任何书面文件，也应将其复印件发送给发承包双方，复印件应加盖合同工程管理机构印章，证明与原件相同。

15.1.5 发承包双方均应当及时签收另一方送达其指定接收地点的来往信函，拒不签收的，送达信函的一方可以采用特快专递或者公证方式送达，所造成的费用增加（包括被迫采用特殊送达方式所发生的费用）和延误的工期由拒绝签收一方承担。

15.1.6 书面文件和通知不得扣压，一方能够提供证据证明另一方拒绝签收或已送达的，应视为对方已签收并应承担相应责任。

15.2 计价档案

15.2.1 发承包双方以及工程造价咨询人对具有保存价值的各种载体的计价文件，均应收集齐全，整理立卷后归档。

15.2.2 发承包双方和工程造价咨询人应建立完善的工程计价档案管理制度，并应符合国家和有关部门发布的档案管理相关规定。

15.2.3 工程造价咨询人归档的计价文件，保存期不宜少于五年。

15.2.4 归档的工程计价成果文件应包括纸质原件和电子文件，其他归档文件及依据可为纸质原件、复印件或电子文件。

15.2.5 归档文件应经过分类整理，并应组成符合要求的案卷。

15.2.6 归档可以分阶段进行，也可以在项目竣工结算完成后进行。

15.2.7 向接收单位移交档案时，应编制移交清单，双方应签字、盖章后方可交接。

16 工程计价表格

16.0.1 工程计价表宜采用统一格式。各省、自治区、直辖市建设行政主管部门和行业建设主管部门可根据本地区、本行业的实际情况，在本规范附录 B 至附录 L 计价表格的基础上补充完善。

16.0.2 工程计价表格的设置应满足工程计价的需要，方便使用。

16.0.3 工程量清单的编制应符合下列规定：

1 工程量清单编制使用表格包括：封 - 1、扉 - 1、表 - 01、表 - 08、表 - 11、表 - 12（不含表 - 12 - 6～表 - 12 - 8）、表 - 13、表 - 20、表 - 21 或表 - 22。

2 扉页应按规定的内容填写、签字、盖章，由造价员编制的工程量清单应有负责审核的造价工程师签字、盖章。受委托编制的工程量清单，应有造价工程师签字、盖章以及工程造价咨询人盖章。

3 总说明应按下列内容填写：

1) 工程概况：建设规模、工程特征、计划工期、施工现场实际情况、自然地理条件、环境保护要求等。

2) 工程招标和专业工程发包范围。

3) 程量清单编制依据。

4) 工程质量、材料、施工等的特殊要求。

5) 其他需要说明的问题。

16.0.4 招标控制价、投标报价、竣工结算的编制应符合下列规定：

1 使用表格：

1) 招标控制价使用表格包括：封 - 2、扉 - 2、表 - 01、表 - 02、表 - 03、表 - 04、表 - 08、表 - 09、表 - 11、表 - 12（不含表 - 12 - 6～表 - 12 - 8）、表 - 13、表 - 20、表 - 21 或表 - 22。

2) 投标报价使用的表格包括：封 - 3、扉 - 3、表 - 01、表 - 02、表 - 03、表 - 04、表 - 08、表 - 09、表 - 11、表 - 12（不含表 - 12 - 6～表 - 12 - 8）、表 - 13、表 - 16、招标文件提供的表 - 20、表 - 21 或表 - 22。

3) 竣工结算使用的表格包括：封 - 4、扉 - 4、表 - 01、表 - 05、表 - 06、表 - 07、表 - 08、表 - 09、表 - 10、表 - 11、表 - 12、表 - 13、表 - 14、表 - 15、表 - 16、表 - 17、表 - 18、表 - 19、表 - 20、表 - 21 或表 - 22。

2 扉页应按规定的内容填写、签字、盖章，除承包人自行编制的投标报价和竣工结算外，受委托编制的招标控制价、投标报价、竣工结算，由造价员编制的应有负责审核的造价工程师签字、盖章以及工程造价咨询人盖章。

3 总说明应按下列内容填写：

1) 工程概况：建设规模、工程特征、计划工期、合同工期、实际工期、施工现场及变化情况、施工组织设计的特点、自然地理条件、环境保护要求等。

2) 编制依据等。

16.0.5 工程造价鉴定应符合下列规定：

    1   工程造价鉴定使用表格包括：封‑5、扉‑5、表‑01、表‑05～表‑20、表‑21或表‑22。

    2   扉页应按规定内容填写、签字、盖章，应有承担鉴定和负责审核的注册造价工程师签字、盖执业专用章。

    3   说明应按本规范第14.3.5条第1款至第6款的规定填写。

16.0.6 投标人应按招标文件的要求，附工程量清单综合单价分析表。

附录3 《浙江省建设工程计价规则》(2010版)节选

附表 3-1　　　　　**单位工程概算计算程序表**　　　　　　　　　　　　　　续表

序号	费用项目		计算方法
一	预算定额分部分项工程费		按专业工程概算定额规定计算
	其中	1. 人工费＋机械费	Σ（定额人工费＋定额机械费）
二	人工、机械台班差价		
三	综合费用		1×综合费率
四	税金		（一＋二＋三）×费率
五	其他费用		（一＋二＋三＋四）×扩大系数
六	单位工程概算		一＋二＋三＋四＋五

注　其他费用是指概算扩大系数的费用。

附表 3-2　　　　　**综合单价法计算程序表**

序号	费用项目		计算方法
一	工程量清单分部分项工程费		Σ（分部分项工程量×综合单价）
	其中	1. 人工费＋机械费	Σ（分部分项工程费＋分部分项机械费）
二	项目措施费		

序号	费用项目		计算方法
二	（一）施工技术措施项目费		按综合单价计算
	其中	2. 人工费＋机械费	Σ（措施项目人工费＋措施项目机械费）
	（二）施工组织措施项目费		按项计算
	其中	3. 安全文明施工费	
		4. 检验试验费	
		5. 冬雨季节施工增加费	
		6. 夜间施工增加费	
		7. 已完工程及设备保护费	（1+2）×费率
		8. 二次搬运费	
		9. 行车、行人干扰增加费	
		10. 提前竣工增加费	
		11. 其他施工组织措施费	按相关规定计算
三	其他项目费		按清单计价要求计算
四	规费		12＋13＋14
	12. 排污费、社保费、公积金		（1+2）×费率
	13. 民工工伤保险费		按各市有关规定计算
	14. 危险作业意外伤害保险费		
五	税金		（一＋二＋三＋四）×费率
六	建设工程造价		一＋二＋三＋四＋五

附表 3 - 3　　　　　　　工料单价法计算程序表　　　　　　　　　　　　　　续表

序号	费用项目		计算方法
一	预算定额分部分项工程费		按计价规则规定计算
	其中	1. 人工费＋机械费	Σ（定额人工费＋定额机械费）
二	施工组织措施费		
	其中	2. 安全文明施工费	1×费率
		3. 检验试验费	
		4. 冬雨季节施工增加费	
		5. 夜间施工增加费	
		6. 已完工程及设备保护费	
		7. 二次搬运费	
		8. 行车、行人干扰增加费	
		9. 提前竣工增加费	
		10. 其他施工组织措施费	按相关规定计算

序号	费用项目		计算方法
三	企业管理费		1×费率
四	利润		
五	规费		
		11. 排污费、社保费、公积金	1×费率
		12. 民工工伤保险费	按各市有关规定计算
		13. 危险作业意外伤害保险费	
六	总承包服务费		
		14. 总承包管理协调费	分包项目工程造价×费率
		15. 总承包管理	
		16. 甲供材料设备管理服务费	甲供材料设备费×费率
七	风险费		（一＋二＋三＋四＋五＋六）×费率
八	暂列金额		（一＋二＋三＋四＋五＋六＋七）×费率
九	税金		（一＋二＋三＋四＋五＋六＋七＋八）×费率
十	建设工程造价		一＋二＋三＋四＋五＋六＋七＋八＋九

目次（部分）

A 绿化工程

A.1 绿地整理

绿地整理工程量清单项目设置、项目特征描述的内容、计量单位、工程量计算规则应按表 A.1 的规定执行。

表 A.1　　绿地整理（编码：050101）

项目编码	项目名称	项目特征	计量单位	工程量计算规则	工作内容
050101001	砍伐乔木	树干胸径	株	按数量计算	1. 砍伐 2. 废弃物运输 3. 场地清理
050101002	挖树根（蔸）	地径			1. 挖树根 2. 废弃物运输 3. 场地清理
050101003	砍伐灌木丛及根	丛高或蓬径	1.株 2. m²	1. 以株计算，按数量计算 2. 以平方米计量，按面积计算	1. 砍挖 2. 废弃物运输 3. 场地清理
050101004	砍挖竹及根	根盘直径	株（丛）	按数量计算	
050101005	砍挖芦苇（或其他水生植物）及根	根盘丛径			
050101006	清除草皮	草皮种类	m²	按面积计算	1. 除草 2. 废弃物运输 3. 场地清理
050101007	清除地被植物	植物种类			1. 清除植物 2. 废弃物运输 3. 场地清理
050101008	屋面清理	1. 屋面做法 2. 屋面高度		按设计图示尺寸以面积计算	1. 原屋面清扫 2. 废弃物运输 3. 场地清理

续表

项目编码	项目名称	项目特征	计量单位	工程量计算规则	工作内容
050101009	种植土回（换）填	1. 回填土质要求 2. 取土运距 3. 回填厚度 4. 弃土运距	1. m³ 2. 株	1. 以立方米计量，按设计图示回填面积乘以回填厚度以体积计算 2. 以株计量，按设计图示数量计算	1. 土方挖、运 2. 回填 3. 找平、找坡 4. 废弃物运输
050101010	整理绿化用地	1. 回填土质要求 2. 取土运距 3. 回填厚度 4. 找平找坡要求 5. 弃渣运距	m²	按设计图示尺寸以面积计算	1. 排地表水 2. 土方挖、运 3. 耙细、过筛 4. 回填 5. 找平、找坡 6. 拍实 7. 废弃物运输
050101011	绿地起坡造型	1. 回填土质要求 2. 取土运距 3. 起坡平均高度	m³	按设计图示尺寸以体积计算	1. 排地表水 2. 土方挖、运 3. 耙细、过筛 4. 回填 5. 找平、找坡 6. 废弃物运输

续表

项目编码	项目名称	项目特征	计量单位	工程量计算规则	工作内容
050101012	屋顶花园基底处理	1. 找平层厚度、砂浆种类、强度等级 2. 防水层种类、做法 3. 排水层厚度、材质 4. 过滤层厚度、材质 5. 回填轻质土厚度、种类 6. 屋顶高度 7. 阻根层厚度、材质、做法	m²	按设计图示尺寸以面积计算	1. 抹找平层 2. 防水层铺设 3. 排水层铺设 4. 过滤层铺设 5. 填轻质土壤 6. 阻根层铺设 7. 运输

注 整理绿化用地项目包含厚度≤300mm回填土，厚度>300mm回填土，应按现行国家标准《房屋建筑与装饰工程工程量计算规范》GB 50854 相应项目编码列项。

A.2 栽植花木

栽植花木工程量清单项目设置、项目特征描述的内容、计量单位、工程量计算规则应按表 A.2 的规定执行。

表 A.2　　　　栽植花木（编码：050102）

项目编码	项目名称	项目特征	计量单位	工程量计算规则	工作内容
050102001	栽植乔木	1. 种类 2. 胸径或干径 3. 株高、冠径 4. 起挖方式 5. 养护期	株	按设计图示数量计算	1. 起挖 2. 运输 3. 栽植 4. 养护

续表

项目编码	项目名称	项目特征	计量单位	工程量计算规则	工作内容
050102002	栽植灌木	1. 种类 2. 根盘直径 3. 冠丛高 4. 蓬径 5. 起挖方式 6. 养护期	1. 株 2. m²	1. 以株计量，按设计图示数量计算 2. 以平方米计量，按设计图示尺寸以绿化水平投影面积计算	1. 起挖 2. 运输 3. 栽植 4. 养护
050102003	栽植竹类	1. 竹种类 2. 竹胸径或根盘丛径 3. 养护期	株（丛）	按设计图示数量计算	
050102004	栽植棕榈类	1. 种类 2. 株高、地径 3. 养护期	株		
050102005	栽植绿篱	1. 种类 2. 篱高 3. 行数、蓬径 4. 单位面积株数 5. 养护期	1. m 2. m²	1. 以米计量，按设计图示长度，以延长米计算 2. 以平方米计量，按设计图示尺寸以绿化水平投影面积计算	
050102006	栽植攀缘植物	1. 植物种类 2. 地径 3. 单位长度株数 4. 养护期	1. 株 2. m	1. 以株计量，按设计图示数量计算 2. 以米计量，按设计图示种植长度以延长米计算	
050102007	栽植色带	1. 苗木、花卉种类 2. 株高或蓬径 3. 单位面积株数 4. 养护期	m²	按设计图示尺寸以绿化水平投影面积计算	

续表

项目编码	项目名称	项目特征	计量单位	工程量计算规则	工作内容
050102008	栽植花卉	1. 花卉种类 2. 株高或蓬径 3. 单位面积株数 4. 养护期	1. 株（丛、缸） 2. m²	1. 以株（丛、缸）计量，按设计图示数量计算 2. 以平方米计量，按设计图示尺寸以绿化水平投影面积计算	1. 起挖 2. 运输 3. 栽植 4. 养护
050102009	栽植水生植物	1. 植物种类 2. 株高或蓬径或芽数/株 3. 单位面积株数 4. 养护期	1. 丛（缸） 2. m²		
050102010	垂直墙体绿化种植	1. 植物种类 2. 生长年数或地（干）径 3. 栽植容器材质、规格 4. 栽植基质种类、厚度 5. 养护期	1. m 2. m²	1. 以平方米计量，按设计图示尺寸以绿化水平投影面积计算 2. 以米计量，按设计图示种植长度以延长米计算	1. 起挖 2. 运输 3. 栽植容器安装 4. 栽植 5. 养护
050102011	花卉立体布置	1. 草本花卉种类 2. 高度或蓬径 3. 单位面积株数 4. 种植形式 5. 养护期	1. 单体（处） 2. m²	1. 以单体（处）计量，按设计图示数量计算 2. 以平方米计量，按设计图示尺寸以面积计算	1. 起挖 2. 运输 3. 栽植 4. 养护

续表

项目编码	项目名称	项目特征	计量单位	工程量计算规则	工作内容
050102012	铺种草皮	1. 草皮种类 2. 铺种方式 3. 养护期	m²	按设计图示尺寸以绿化投影面积计算	1. 起挖 2. 运输 3. 铺地砂（土） 4. 栽植 5. 养护
050102013	喷播植草（灌木）籽	1. 基层材料种类规格 2. 草（灌木）籽种类 3. 养护期			1. 基层处理 2. 坡地细整 3. 喷播 4. 覆盖 5. 养护
050102014	植草砖内植草	1. 草坪种类 2. 养护期			1. 起挖 2. 运输 3. 覆土（砂） 4. 铺设 5. 养护
050102015	挂网	1. 种类 2. 规格	m²	按设计图示尺寸以挂网投影面积计算	1. 制作 2. 运输 3. 安放

续表

项目编码	项目名称	项目特征	计量单位	工程量计算规则	工作内容
050102016	箱/钵栽植	1. 箱/钵体材料品种 2. 箱/钵体外形尺寸 3. 栽植植物种类、规格 4. 土质要求 5. 防护材料种类 6. 养护期	个	按设计图示箱/钵数量计算	1. 制作 2. 运输 3. 安放 4. 栽植 5. 养护

注 1. 挖土外运、借土回填、挖（凿）土（石）方应包括在相关项目内。

2. 苗木计算应符合下列规定：

1）胸径应为地表面向上 1.2m 高处树干直径。

2）冠径又称冠幅，应为苗木冠丛垂直投影面的最大直径和最小直径之间的平均值。

3）蓬径应为灌木、灌丛垂直投影面的直径。

4）地径应为地表面向上 0.1m 高处树干直径。

5）干径应为地表面向上 0.3m 高处树干直径。

6）株高应为地表面至树顶端的高度。

7）冠丛高应为地表面至乔（灌）木顶端的高度。

8）篱高应为地表面至绿篱顶端的高度。

9）养护期应为招标文件中要求苗木种植结束后承包人负责养护的时间。

3. 苗木移（假）植应按花木栽植相关项目单独编码列项。

4. 土球包裹材料、树体输液保湿及喷洒生根剂等费用包含在相应项目内。

5. 墙体绿化浇灌系统按本规范 A.3 绿地喷灌相关项目单独编码列项。

6. 发包人如有成活率要求时，应在特征描述中加以描述。

A.3 绿地喷灌

绿地喷灌工程量清单项目设置、项目特征描述的内容、计量单位、工程量计算规则应按表 A.3 的规定执行。

表 A.3   绿地喷灌（编码：050103）

项目编码	项目名称	项目特征	计量单位	工程量计算规则	工作内容
050103001	喷灌管线安装	1. 管道品种、规格 2. 管件品种、规格 3. 管道固定方式 4. 防护材料种类 5. 油漆品种、刷漆遍数	m	按设计图示管道中心线长度以延长米来计算，不扣除检查（阀门）井、阀门、管件及附件所占的长度	1. 管道铺设 2. 管道固筑 3. 水压试验 4. 刷防护材料、油漆
050103002	喷灌配件安装	1. 管道附件、阀门、喷头品种、规格 2. 管道附件、阀门、喷头固定方式 3. 防护材料种类 4. 油漆品种、刷漆遍数	个	按设计图示数量计算	1. 管道附件、阀门、喷头安装 2. 水压试验 3. 刷防护材料、油漆

注 1. 挖填土石方应按现行国家标准《房屋建筑与装饰工程工程量计算规范》GB 50854 附录 A 相关项目编码列项。
　　 2. 阀门井应按现行国家标准《市政工程工程量计算规范》GB 50857 相关项目编码列项。

B 园路、园桥工程

B.1 园路、园桥工程

园路、园桥工程工程量清单项目设置、项目特征描述的内容、计量单位、工程量计算规则应按表 B.1 的规定执行。

表 B.1   园路、园桥工程（编码：050201）

项目编码	项目名称	项目特征	计量单位	工程量计算规则	工作内容
050201001	园路	1. 路床土石类别 2. 垫层厚度、宽度、材料种类 3. 路面厚度、宽度、材料种类 4. 砂浆强度等级	m²	按设计图示尺寸以面积计算，不包括路牙	1. 路基、路床整理 2. 垫层铺设 3. 路面铺设 4. 路面养护
050201002	踏（蹬）道			按设计图示尺寸以水平投影面积计算，不包括路牙	
050201003	路牙铺设	1. 垫层厚度、材料种类 2. 路牙材料种类、规格 3. 砂浆强度等级	m	按设计图示尺寸以长度计算	1. 基层清理 2. 垫层铺设 3. 路牙铺设
050201004	树池围牙、盖板（箅子）	1. 围牙材料种类、规格 2. 铺设方式 3. 盖板材料种类、规格	1. m 2. 套	1. 以米计量，按设计图示尺寸以长度计算 2. 以套计量，按设计图示数量计算	1. 清理基层 2. 围牙、盖板运输 3. 围牙、盖板铺设

续表

项目编码	项目名称	项目特征	计量单位	工程量计算规则	工作内容
050201005	嵌草砖（格）铺装	1. 垫层厚度 2. 铺设方式 3. 嵌草砖(格)品种、规格、颜色 4. 漏空部分填土要求	m²	按设计图示尺寸以面积计算	1. 原土夯实 2. 垫层铺设 3. 铺砖 4. 填土
050201006	桥基础	1. 基础类型 2. 垫层及基础材料种类、规格 3. 砂浆强度等级	m³	按设计图示尺寸以体积计算	1. 垫层铺设 2. 起重架搭、拆 3. 基础砌筑 4. 砌石
050201007	石桥墩石桥台	1. 石料种类、规格 2. 勾缝要求 3. 砂浆强度等级、配合比	m³	按设计图示尺寸以体积计算	1. 石料加工 2. 起重架搭、拆 3. 墩、台、券石、券脸砌筑 4. 勾缝
050201008	拱券石	1. 石料种类、规格 2. 券脸雕刻要求 3. 勾缝要求 4. 砂浆强度等级、配合比	m³	按设计图示尺寸以体积计算	
050201009	石券脸		m²	按设计图示尺寸以面积计算	1. 石料加工 2. 起重架搭、拆 3. 砌石 4. 填土夯实
050201010	金刚墙砌筑		m³	按设计图示尺寸以体积计算	

续表

项目编码	项目名称	项目特征	计量单位	工程量计算规则	工作内容
050201011	石桥面铺筑	1. 石料种类、规格 2. 找平层厚度、材料种类 3. 勾缝要求 4. 混凝土强度等级 5. 砂浆强度等级	m²	按设计图示尺寸以面积计算	1. 石材加工 2. 抹找平层 3. 起重架搭、拆 4. 桥面、桥面踏步铺设 5. 勾缝
050201012	石桥面檐板	1. 石料种类、规格 2. 勾缝要求 3. 砂浆强度等级、配合比			1. 石料加工 2. 檐板铺设 3. 铁锔、银锭安装 4. 勾缝
050201013	石汀步（步石、飞石）	1. 石料种类、规格 2. 砂浆强度等级、配合比	m³	按设计图示尺寸以体积计算	1. 基层整理 2. 石料加工 3. 砂浆调运 4. 砌石
050201014	木制步桥	1. 桥宽度 2. 桥长度 3. 木材种类 4. 各部位截面长度 5. 防护材料种类	m²	按桥面板设计图示尺寸以面积计算	1. 木桩加工 2. 打木桩基础 3. 木梁、木桥板、木桥栏杆、木扶手制作、安装 4. 连接铁件、螺栓安装 5. 刷防护材料

续表

项目编码	项目名称	项目特征	计量单位	工程量计算规则	工作内容
050201015	栈道	1. 栈道宽度 2. 支架材料种类 3. 面层材料种类 4. 防护材料种类	m²	按栈道面板设计图示尺寸以面积计算	1. 凿洞 2. 安装支架 3. 铺设面板 4. 刷防护材料

注 1. 园路、园桥工程的挖土方、开凿石方、回填等应按现行国家标准《市政工程工程量计算规范》GB 50857 相关项目编码列项。
2. 如遇到某些构配件使用钢筋混凝土或金属构件时应按现行国家标准《房屋建筑与装饰工程工程量计算规范》GB 50854 或《市政工程工程量计算规范》GB 50857 相关项目编码列项。
3. 地伏石、石望柱、石栏杆、石栏板、扶手、撑鼓等应按现行国家标准《仿古建筑工程工程量计算规范》GB 50855 相关项目编码列项。
4. 亲水（小）码头各分部分项目按照园桥相应项目编码列项。
5. 台阶项目应按现行国家标准《房屋建筑与装饰工程工程量计算规范》GB 50854 相关项目编码列项。
6. 混合类构件园桥应按现行国家标准《房屋建筑与装饰工程工程量计算规范》GB 50854 或《通用安装工程工程量计算规范》GB 50856 相关项目编码列项。

B.2 驳岸、护岸

驳岸护岸工程量清单项目设置、项目特征描述的内容、计量单位、工程量计算规则应按表 B.2 的规定执行。

表 B.2　　　　驳岸、护岸（编码：050202）

项目编码	项目名称	项目特征	计量单位	工程量计算规则	工作内容
050202001	石（卵石）砌驳岸	1. 石料种类、规格 2. 驳岸截面、长度 3. 勾缝要求 4. 砂浆强度等级、配合比	1. m³ 2. t	1. 以立方米计量，按设计图示尺寸以体积计算 2. 以吨计量，按质量计算	1. 石料加工 2. 砌石（卵石） 3. 勾缝
050202002	原木桩驳岸	1. 木材种类 2. 桩直径 3. 桩单根长度 4. 防护材料种类	1. m 2. 根	1. 以米计量，按设计图示桩长（包括桩尖）计算 2. 以根计量，按设计图示数量计算	1. 木桩加工 2. 打木桩 3. 刷防护材料
050202003	满（散）铺砂卵石护岸（自然护岸）	1. 护岸平均宽度 2. 粗细砂比例 3. 卵石粒径	1. m² 2. t	1. 以平方米计量，按设计图示尺寸以护岸展开面积计算 2. 以吨计量，按卵石使用质量计算	1. 修边坡 2. 铺卵石
050202004	点（散）布大卵石	1. 大卵石粒径 2. 数量	1. 块（个） 2. t	1. 以块（个）计量，按设计图示数量计算 2. 以吨计量，按卵石使用数量计算	1. 布石 2. 安砌 3. 成型
050202005	框格花木护岸	1. 展开宽度 2. 护坡材质 3. 框格种类与规格	m²	按设计图示尺寸展开宽度乘以长度以面积计算	1. 修边坡 2. 安放框格

注 1. 驳岸工程的挖土方、开凿石方、回填等应按现行国家标准《房屋建筑与装饰工程工程量计算规范》GB 50854 附录 A 相关项目编码列项。
2. 木桩钎（梅花桩）按原木桩驳岸项目单独编码列项。
3. 钢筋混凝土仿木桩驳岸，其钢筋混凝土及表面装饰应按现行国家标准《房屋建筑与装饰工程工程量计算规范》GB 50854 相关项目编码列项，若表面"塑松皮"按本规范附录 C"园林景观工程"相关项目编码列项。
4. 框格花木护岸的铺草皮、撒草籽等应按本规范附录 A"绿化工程"相关项目编码列项。

C 园林景观工程

C.1 堆塑假山

堆塑假山工程量清单项目设置、项目特征描述的内容、计量单位、工程量计算规则应按表 C.1 的规定执行。

表 C.1　　　　　　　　　堆塑假山（编码：050301）

项目编码	项目名称	项目特征	计量单位	工程量计算规则	工作内容
050301001	堆筑土山丘	1. 土丘高度 2. 土丘坡度要求 3. 土丘底外接矩形面积	m³	按设计图示山丘水平投影外接矩形面积乘以高度的 1/3 以体积计算	1. 取土、运土 2. 堆砌、夯实 3. 修整
050301002	堆砌石假山	1. 堆砌高度 2. 石料种类、单块重量 3. 混凝土强度等级 4. 砂浆强度等级、配合比	t	按设计图示尺寸以质量计算	1. 选料 2. 起重机搭、拆 3. 堆砌、修整
050301003	塑假山	1. 假山高度 2. 骨架材料种类、规格 3. 山皮料种类 4. 混凝土强度等级 5. 砂浆强度等级、配合比 6. 防护材料种类	m²	按设计图示以展开面积计算	1. 骨架制作 2. 假山胎模制作 3. 塑假山 4. 山皮料安装 5. 刷防护材料

续表

项目编码	项目名称	项目特征	计量单位	工程量计算规则	工作内容
050301004	石笋	1. 石笋高度 2. 石笋材料种类 3. 砂浆强度等级、配合比	支	1. 以块（支、个）计量，按设计图示数量计算 2. 以吨计量，按设计图示石料质量计算	1. 选石料 2. 石笋安装
050301005	点风景石	1. 石料种类 2. 石料规格、重量 3. 砂浆配合比	1. 块 2. t		1. 选石料 2. 起重架搭、拆 3. 点石
050301006	池、盆景置石	1. 底盘种类 2. 山石高度 3. 石种类 4. 混凝土砂浆强度等级 5. 砂浆强度等级、配合比	1. 座 2. 个	1. 以块（支、个）计量，按设计图示数量计算 2. 以吨计量，按设计图示石料质量计算	1. 底盘制作、安装 2. 池、盆景山石安装、砌筑
050301007	山（卵）石护角	1. 石料种类、规格 2. 砂浆配合比	m³	按设计图示尺寸以体积计算	1. 石料加工 2. 砌石
050301008	山坡（卵）石台阶	1. 石料种类、规格 2. 台阶坡度 3. 砂浆强度等级	m²	按设计图示尺寸以水平投影面积计算	1. 选石料 2. 台阶砌筑

注　1. 假山（堆筑土山丘除外）工程的挖土方、开凿石方、回填等应按现行国家标准《房屋建筑与装饰工程工程量计算规范》GB 50854 相关项目编码列项。
　　2. 如遇到某些构配件使用钢筋混凝土或金属构件时应按现行国家标准《房屋建筑与装饰工程工程量计算规范》GB 50854 或《市政工程工程量计算规范》GB 50857 相关项目编码列项。
　　3. 散铺河滩石按点风景石项目单独编码列项。
　　4. 堆筑土山丘，适用于夯填、堆筑而成。

C.2 原木、竹构件

原木、竹构件工程量清单项目设置、项目特征描述的内容、计量单位、工程量计算规则应按表 C.2 的规定执行。

表 C.2　　　　　　原木、竹构件（编码：050302）

项目编码	项目名称	项目特征	计量单位	工程量计算规则	工作内容
050302001	原木（带树皮）柱、梁、檩、椽		m	按设计图示尺寸以长度计算（包括榫长）	
050302002	原木（带树皮）墙	1. 原木种类 2. 原木直（梢）径（不含树皮厚度） 3. 墙龙骨材料种类、规格 4. 墙底层材料种类、规格 5. 构件联结方式 6. 防护材料种类	m²	按设计图示尺寸以面积计算（不包括柱、梁）	1. 构件制作 2. 构件安装 3. 刷防护材料
050302003	树枝吊挂，楣子			按设计图示尺寸以框外围面积计算	

续表

项目编码	项目名称	项目特征	计量单位	工程量计算规则	工作内容
050302004	竹柱、梁、檩、椽	1. 竹种类 2. 竹直（梢）径 3. 连接方式 4. 防护材料种类	m	按设计图示尺寸以长度计算	
050302005	竹编墙	1. 竹种类 2. 墙龙骨材料种类、规格 3. 墙底层材料种类、规格 4. 防护材料种类	m²	按设计图示尺寸以面积计算（不包括柱、梁）	1. 构件制作 2. 构件安装 3. 刷防护材料
050302006	竹吊挂楣子	1. 竹种类 2. 竹梢径 3. 防护材料种类		按设计图示尺寸以框外围面积计算	

注 1. 木构件连接方式应包括：开榫连接、铁件连接、扒钉连接、铁钉连接。
　　2. 竹构件连接方式应包括：竹钉固定、竹篾绑扎、铁丝连接。

C.3 廊亭屋面

廊亭屋面工程量清单项目设置、项目特征描述的内容、计量单位、工程量计算规则应按表 C.3 的规定执行。

表 C.3　　　　廊亭屋面（编码：050303）　　　　　　　　　续表

项目编码	项目名称	项目特征	计量单位	工程量计算规则	工作内容
050303001	草屋面	1. 屋面坡度 2. 铺草种类 3. 竹材种类 4. 防护材料种类	m²	按设计图示尺寸以斜面计算	1. 整理、选料 2. 屋面铺设 3. 刷防护材料
050303002	竹屋面			按设计图示尺寸以实铺面积计算（不包括柱、梁）	
050303003	树皮屋面			按设计图示尺寸以屋面结构外围面积计算	
050303004	油毡瓦屋面	1. 冷底子油品种 2. 冷底子油涂刷遍数 3. 油毡瓦颜色规格		按设计图示尺寸以斜面计算	1. 清理基层 2. 材料裁接 3. 刷油 4. 铺设
050303005	预制混凝土穹顶	1. 穹顶弧长、直径 2. 肋截面尺寸 3. 板厚 4. 混凝土强度等级 5. 拉杆材质、规格	m³	按设计图示尺寸以体积计算。混凝土脊和穹顶的肋、基梁并入屋面体积	1. 模板制作、运输、安装、拆除、保养 2. 混凝土制作、运输、浇筑、振捣、养护 3. 构件运输、安装 4. 砂浆制作、运输 5. 接头灌缝、养护
050303006	彩色压型钢板（夹芯板）攒尖亭屋面板	1. 屋面坡度 2. 穹顶弧长、直径 3. 彩色压型钢板（夹芯）板品种、规格 4. 拉杆材质、规格 5. 嵌缝材料种类 6. 防护材料种类	m²	按设计图示尺寸以实铺面积计算	1. 压型板安装 2. 护角、包角、泛水安装 3. 嵌缝 4. 刷防护材料
050303007	彩色压型钢板（夹芯板）穹顶				
050303008	玻璃屋面	1. 屋面坡度 2. 龙骨材质、规格 3. 玻璃材质、规格 4. 防护材料种类			1. 制作 2. 运输 3. 安装
050303009	木（防腐木）屋顶	1. 木（防腐木）种类 2. 防护层处理			1. 制作 2. 运输 3. 安装

注 1. 柱顶石（磉磴石）、钢筋混凝土屋面板、钢筋混凝土亭屋面板、木柱、木屋架、钢柱、钢屋架、屋面木基层和防水层等，应按现行国家标准《房屋建筑与装饰工程工程量计算规范》GB 50854中相关项目编码列项。

2. 膜结构的亭、廊，应按现行国家标准《仿古建筑工程工程量计算规范》GB 50855及《房屋建筑与装饰工程工程量计算规范》GB 50854中相关项目编码列项。

3. 竹构件连接方式应包括竹钉固定、竹篾绑扎、铁丝连接。

C.4 花架

花架工程量清单项目设置、项目特征描述的内容、计量单位、工程量计算规则应按表C.4的规定执行。

表 C.4　　　　　　花架（编码：050304）

项目编码	项目名称	项目特征	计量单位	工程量计算规则	工作内容
050304001	现浇混凝土花架柱、梁	1. 柱截面、高度、根数 2. 盖梁截面、高度、根数 3. 联系梁截面、高度、根数 4. 混凝土强度等级	m³	按设计图示尺寸以体积计算	1. 模板制作、运输、安装、拆除、保养 2. 混凝土制作、运输、浇筑、振捣、养护
050304002	预制混凝土花架柱、梁	1. 柱截面、高度、根数 2. 盖梁截面、高度、根数 3. 联系梁截面、高度、根数 4. 混凝土强度等级 5. 砂浆配合比			1. 模板制作、运输、安装、拆除、保养 2. 混凝土制作、运输、浇筑、振捣、养护 3. 构件运输、安装 4. 砂浆制作、运输 5. 接头灌缝、养护
050304003	金属花架柱、梁	1. 钢材品种、规格 2. 柱、梁截面 3. 油漆品种、刷漆数遍	t	按设计图示尺寸以质量计算	1. 制作、运输 2. 安装 3. 油漆
050304004	木花架柱、梁	1. 木材种类 2. 柱、梁截面 3. 连接方式 4. 防护材料种类	m³	按设计图示截面乘长度（包括榫长）以体积计算	1. 构件制作、运输、安装 2. 刷防护材料、油漆
050304005	竹花架柱、梁	1. 竹种类 2. 竹胸径 3. 油漆品种、刷漆遍数	1. m 2. 根	1. 以长度计量，按设计图示花架构件尺寸以延长米计算 2. 以根计量，按设计图示花架柱、梁数量计算	1. 制作 2. 运输 3. 安装 4. 油漆

注 花架基础、玻璃天棚、表面装饰及涂料项目应按现行国家标准《房屋建筑与装饰工程工程量计算规范》GB 50854中相关项目编码列项。

C.5 园林桌椅

园林桌椅工程量清单项目设置、项目特征描述的内容、计量单位、工程量计算规则应按表C.5的规定执行。

表 C.5　　　　　　园林桌椅（编码：050305）

项目编码	项目名称	项目特征	计量单位	工程量计算规则	工作内容
050305001	预制钢筋混凝土飞来椅	1. 座凳面厚度、宽度 2. 靠背扶手截面 3. 靠背截面 4. 座凳楣子形状、尺寸 5. 混凝土强度等级 6. 砂浆配合比	m	按设计图示尺寸以桌凳面中心线长度计算	1. 模板制作、运输、安装、拆除、保养 2. 混凝土制作、运输、浇筑、振捣、养护 3. 构件运输、安装 4. 砂浆制作、运输、抹面、养护 5. 接头灌缝、养护

续表

项目编码	项目名称	项目特征	计量单位	工程量计算规则	工作内容
050305002	水磨石飞来椅	1. 座凳面厚度、宽度 2. 靠背扶手截面 3. 靠背截面 4. 座凳楣子形状、尺寸 5. 砂浆配合比	m	按设计图示尺寸以桌凳面中心线长度计算	1. 砂浆制作、运输 2. 制作 3. 运输 4. 安装
050305003	竹制飞来椅	1. 竹材种类 2. 座凳面厚度、宽度 3. 靠背扶手截面 4. 靠背截面 5. 座凳楣子形状 6. 铁件尺寸、厚度 7. 防护材料种类			1. 座凳面、靠背扶手、靠背、楣子制作、安装 2. 软件安装 3. 刷防护材料
050305004	现浇混凝土桌凳	1. 桌凳形状 2. 基础尺寸、埋设深度 3. 桌面尺寸、支墩高度 4. 凳面尺寸、支墩高度 5. 混凝土强度等级、砂浆配合比	个	按设计图示数量计算	1. 模板制作、运输、安装、拆除、保养 2. 混凝土制作、运输、浇筑、振捣、养护 3. 砂浆制作、运输
050305005	预制混凝土桌凳	1. 桌凳形状 2. 基础形状、尺寸、埋设深度 3. 桌面形状、尺寸、支墩高度 4. 凳面尺寸、支墩高度 5. 混凝土强度等级 6. 砂浆配合比			1. 模板制作、运输、安装、拆除、保养 2. 混凝土制作、运输、浇筑、振捣、养护 3. 构件运输、安装 4. 砂浆制作、运输 5. 接头灌缝、养护

续表

项目编码	项目名称	项目特征	计量单位	工程量计算规则	工作内容
050305006	石桌石凳	1. 石材种类 2. 基础形状、尺寸、埋设深度 3. 桌面形状、尺寸、支墩高度 4. 凳面尺寸、支墩高度 5. 混凝土强度等级 6. 砂浆配合比	个	按设计图示数量计算	1. 土方挖运 2. 桌凳制作 3. 桌凳运输 4. 桌凳安装 5. 砂浆制作、运输
050305007	水磨石桌凳	1. 基础形状、尺寸、埋设深度 2. 桌面形状、尺寸、支墩高度 3. 凳面形状、尺寸、支墩高度 4. 混凝土强度等级 5. 砂浆配合比			1. 桌凳制作 2. 桌凳运输 3. 桌凳安装 4. 砂浆制作、运输
050305008	塑树根桌凳	1. 桌凳直径 2. 桌凳高度 3. 砖石种类 4. 砂浆强度等级、配合比 5. 颜料品种、颜色			1. 砂浆制作、运输 2. 砖石砌筑 3. 塑树皮 4. 绘制木纹
050305009	塑树节椅				
050305010	塑料、铁艺、金属椅	1. 木座板面截面 2. 座椅规格、颜色 3. 混凝土强度等级 4. 防护材料种类			1. 制作 2. 安装 3. 刷防护材料

注 木制飞来椅应按现行国家标准《仿古建筑工程工程量计算规范》GB 50855 相关项目编码列项。

C.6 喷泉安装

喷泉安装工程量清单项目设置、项目特征描述的内容、计量单位、工程量计算规则应按表 C.6 的规定执行。

表 C.6 喷泉安装 (编码:050306)

项目编码	项目名称	项目特征	计量单位	工程量计算规则	工作内容
050306001	喷泉管道	1. 管材、管件、阀门、喷头品种 2. 管道固定方式 3. 防护材料种类	m	按设计图示管道中心线长度以延长米计算,不扣除检查(阀门)井、阀门、管件及附件所占的长度	1. 土(石)方挖运 2. 管材、管件、阀门、喷头安装 3. 刷防护材料 4. 回填
050306002	喷泉电缆	1. 保护管品种、规格 2. 电缆品种、规格		按设计图示数单根电缆长度以延长米计算	1. 土(石)方挖运 2. 电缆保护管安装 3. 电缆敷设 4. 回填
050306003	水下艺术装饰灯具	1. 灯具品种、规格 2. 灯光颜色	套	按设计图示数量计算	1. 灯具安装 2. 支架制作、运输、安装
050306004	电气控制柜	1. 规格、型号 2. 安装方式			1. 电气控制柜(箱)安装 2. 系统调试
050306005	喷泉设备	1. 设备品种 2. 设备规格、型号 3. 防护网品种、规格	台		1. 设备安装 2. 系统调试 3. 防护网安装

注 1. 喷泉水池应按现行国家标准《房屋建筑与装饰工程工程量计算规范》GB 50854 相关项目编码列项。
　　2. 管架项目应按现行国家标准《房屋建筑与装饰工程工程量计算规范》GB 50854 中钢支架项目单独编码列项。

C.7 杂项

杂项工程量清单项目设置、项目特征描述的内容、计量单位、工程量计算规则应按表 C.7 的规定执行。

表 C.7 杂项 (编码:050307)

项目编码	项目名称	项目特征	计量单位	工程量计算规则	工作内容
050307001	石灯	1. 石料种类 2. 石灯最大截面 3. 石灯高度 4. 砂浆配合比	个	按设计图示数量计算	1. 制作 2. 安装
050307002	石球	1. 石料种类 2. 球体直径 3. 砂浆配合比			
050307003	塑仿石音箱	1. 音箱石内空尺寸 2. 铁丝型号 3. 砂浆配合比 4. 水泥漆颜色			1. 胎模制作、安装 2. 铁丝网制作、安装 3. 砂浆制作、运输 4. 喷水泥漆 5. 埋置仿石音箱
050307004	塑树皮梁、柱	1. 塑树种类 2. 塑竹种类 3. 砂浆配合比 4. 喷字规格、颜色 5. 油漆品种、颜色	1. m² 2. m	1. 以平方米计量,按设计图示尺寸以梁柱外表面积计算 2. 以米计量,按设计图示尺寸以构件长度计算	1. 灰塑 2. 刷涂颜料
050307005	塑竹梁、柱				

续表

项目编码	项目名称	项目特征	计量单位	工程量计算规则	工作内容
050307006	铁艺栏杆	1. 铁艺栏杆高度 2. 铁艺栏杆单位长度重量 3. 防护材料种类	m	按设计图示尺寸以长度计算	1. 铁艺栏杆安装 2. 刷防护材料
050307007	塑料栏杆	1. 栏杆高度 2. 塑料种类			1. 下料 2. 安装 3. 校正
050307008	钢筋混凝土艺术围栏	1. 围栏高度 2. 混凝土强度等级 3. 表面涂敷材料种类	1. m² 2. m	1. 以平方米计量，按设计图示尺寸以面积计算 2. 以米计量，按设计图示尺寸以延长米计算	1. 制作 2. 运输 3. 安装 4. 砂浆制作、运输 5. 接头灌缝，养护
050307009	标志牌	1. 材料种类、规格 2. 镌字规格、种类 3. 喷字规格、颜色 4. 油漆品种、颜色	个	按设计图示数量计算	1. 选料 2. 标志牌制作 3. 雕凿 4. 镌字、喷字 5. 运输、安装 6. 刷油漆

续表

项目编码	项目名称	项目特征	计量单位	工程量计算规则	工作内容
050307010	景墙	1. 土质类别 2. 垫层材料种类 3. 基础材料种类、规格 4. 墙体材料种类、规格 5. 墙体厚度 6. 混凝土、砂浆强度等级、配合比 7. 饰面材料种类	1. m³ 2. 段	1. 以立方米计量，按设计图示尺寸以体积计算 2. 以段计量，按设计图示尺寸以数量计算	1. 土（石）方挖运 2. 垫层、基础铺设 3. 墙体砌筑 4. 面层铺贴
050307011	景窗	1. 景窗材料品种、规格 2. 混凝土强度等级 3. 砂浆强度等级配合比 4. 涂刷材料品种	m²	按设计图示尺寸以面积计算	1. 制作 2. 运输 3. 砌筑安放 4. 勾缝 5. 表面涂刷
050307012	花饰	1. 花饰材料品种、规格 2. 砂浆配合比 3. 涂刷材料品种			

续表

项目编码	项目名称	项目特征	计量单位	工程量计算规则	工作内容
050307013	博古架	1. 博古架材料品种、规格 2. 混凝土强度等级 3. 砂浆配合比 4. 涂刷材料品种	1. m² 2. m 3. 个	1. 以平方米计量，按设计图示尺寸以面积计算 2. 以米计量，按设计图示尺寸以延长米计算 3. 以个计量，按设计图示数量计算	1. 制作 2. 运输 3. 砌筑安放 4. 勾缝 5. 表面涂刷
050307014	花盆（坛、箱）	1. 花盆（坛）的材质及类型 2. 规格尺寸 3. 混凝土强度等级 4. 砂浆配合比	个	按设计图示尺寸以数量计算	1. 制作 2. 运输 3. 安放
050307015	摆花	1. 花盆（钵）的材质及类型 2. 花卉品种与规格	1. m² 2. 个	1. 以平方米计量，按设计图示尺寸以水平投影面积计算 2. 以个计量，按设计图示数量计算	1. 搬运 2. 安放 3. 养护 4. 撤收
050307016	花池	1. 土质类别 2. 池壁材料种类、规格 3. 混凝土、砂浆强度等级、配合比 4. 饰面材料种类	1. m³ 2. m 3. 个	1. 以立方米计量，按设计图示尺寸以体积计算 2. 以米计量，按设计图示尺寸以池壁中心线处延长米计算 3. 以个计量，按设计图示数量计算	1. 垫层铺设 2. 基础砌（浇）筑 3. 墙体砌（浇）筑 4. 面层铺贴

续表

项目编码	项目名称	项目特征	计量单位	工程量计算规则	工作内容
050307017	垃圾箱	1. 垃圾箱材质 2. 规格尺寸 3. 混凝土强度等级 4. 砂浆配合比	个	按设计图示尺寸以数量计算	1. 制作 2. 运输 3. 安放
050307018	砖石砌小摆设	1. 砖种类、规格 2. 石种类、规格 3. 砂浆强度等级、配合比 4. 石表面加工要求 5. 勾缝要求	1. m³ 2. 个	1. 以立方米计量，按设计图示尺寸以体积计算 2. 以个计量，按设计图示尺寸以数量计算	1. 砂浆制作、运输 2. 砌砖、石 3. 抹面、养护 4. 勾缝 5. 石表面加工
050307019	其他景观小摆设	1. 名称及材质 2. 规格尺寸	个	按设计图示尺寸以数量计算	1. 制作 2. 运输 3. 安装
050307020	柔性水池	1. 水池深度 2. 防水（漏）材料品种	m²	按设计图示尺寸以水平投影面积计算	1. 清理基层 2. 材料裁接 3. 铺设

注 砌筑果皮箱，放置盆景的须弥座等，应按砖石砌小摆设项目编码列项。

C.8 相关问题及说明

C.8.1 混凝土构件中的钢筋项目应按现行国家标准《房屋建筑与装饰工程工程量计算规范》GB 50854 相关项目编码列项。

C.8.2 石浮雕、石镌字应按现行国家标准《仿古建筑工程工程量计算规范》GB 50855 附录 B 中相应项目编码列项。

D 措施项目

D.1 脚手架工程

脚手架工程工程量清单项目设置、项目特征描述的内容、计量单位、工程量计算规则应按表 D.1 的规定执行。

表 D.1　　　　脚手架工程（编码：050401）

项目编码	项目名称	项目特征	计量单位	工程量计算规则	工作内容
050401001	砌筑脚手架	1. 搭设方式 2. 墙体高度	m²	按墙的长度乘墙的高度以面积计算（硬山建筑山墙高算至山尖）。独立砖石柱高度在 3.6m 以内时，以柱结构周长乘以柱高计算，独立砖石柱高度在 3.6m 以上时，以柱结构周长加 3.6m 乘以柱高计算 凡砌筑高度在 1.5m 及以上的砌体，应计算脚手架	1. 场内、场外材料搬运 2. 搭、拆脚手架、斜道、上料平台 3. 铺设安全网 4. 拆除脚手架后材料分类堆放
050401002	抹灰脚手架	1. 搭设方式 2. 墙体高度	m²	按抹灰墙面的长度乘墙的高度以面积计算（硬山建筑山墙高算至山尖）。独立砖石柱高度在 3.6m 以内时，以柱结构周长乘以柱高计算，独立砖石柱高度在 3.6m 以上时，以柱结构周长加 3.6m 乘以柱高计算	1. 场内、场外材料搬运 2. 搭、拆脚手架、斜道、上料平台 3. 铺设安全网 4. 拆除脚手架后材料分类堆放
050401003	亭脚手架	1. 搭设方式 2. 檐口高度	1.座 2.m²	1. 以座计量，按设计图示数量计算 2. 以平方米计量，按建筑面积计算	
050401004	满堂脚手架	1. 搭设方式 2. 施工面高度	m²	按搭设的地面主墙间尺寸以面积计算	
050401005	堆砌（塑）假山脚手架	1. 搭设方式 2. 假山高度		按外围水平投影最大矩形面积计算	
050401006	桥身脚手架	1. 搭设方式 2. 桥身高度		按桥基础地面至桥面平均高度乘以河道两侧高度以面积计算	
050401007	斜道	斜道高度	座	按搭设数量计算	

D.2 模板工程

模板工程工程量清单项目设置、项目特征描述的内容、计量单位、工程量计算规则应按表 D.2 的规定执行。

表 D.2　　　　　　模板工程（编码：050402）

项目编码	项目名称	项目特征	计量单位	工程量计算规则	工作内容
050402001	现浇混凝土垫层	厚度	m²	按混凝土与模板的接触面积计算	1.制作 2.安装 3.拆除 4.清理 5.刷隔离剂 6.材料运输
050402002	现浇混凝土路面				
050402003	现浇混凝土路牙、树池围牙	高度			
050402004	现浇混凝土花架柱	断面尺寸			
050402005	现浇混凝土花架梁	1.断面尺寸 2.梁底高度			
050402006	现浇混凝土花池	池壁断面尺寸			
050402007	现浇混凝土桌凳	1.桌凳形状 2.基础尺寸、埋设深度 3.桌面尺寸、支墩高度 4.凳面尺寸、支墩高度	1.m³ 2.个	1.以立方米计量,按设计图示混凝土体积计算 2.以个计量,按设计图示数量计算	
050402008	石桥拱券石、石券脸胎架	1.胎架面高度 2.矢高、弦长	m²	按拱券石、石券脸弧形底面展开尺寸以面积计算	

D.3 树木支撑架、草绳绕树干、搭设遮阴（防寒）棚工程

树木支撑架、草绳绕树干、搭设遮阴（防寒）棚工程工程量清单项目设置、项目特征描述的内容、计量单位、工程量计算规则应按表 D.3 的规定执行。

表 D.3　树木支撑架、草绳绕树干、搭设遮阴（防寒）棚工程（编码：050403）

项目编码	项目名称	项目特征	计量单位	工程量计算规则	工作内容
050403001	树木支撑架	1.支撑类型、材质 2.支撑材料规格 3.单株支撑材料数量	株	按设计图示数量计算	1.制作 2.运输 3.安装 4.维护
050403002	草绳绕树干	1.胸径（干径）2.草绳所绕树干高度			1.搬运 2.绕杆 3.余料清理 4.养护期后清除
050403003	搭设遮阴（防寒）棚	1.搭设高度 2.搭设材料种类、规格	1.m² 2.株	1.以平方米计量,按遮阴（防寒）棚外围覆盖层的展开尺寸以面积计算 2.以株计量,按设计图示尺寸以数量计算	1.制作 2.运输 3.搭设、维护 4.养护期后清除

D.4 围堰、排水工程

围堰、排水工程工程量清单项目设置、项目特征描述的内容、计量单位、工程量计算规则应按表 D.4 的规定执行。

表 D. 4　　　　　围堰、排水工程（编码：050404）　　　　　　　　　　　　续表

项目编码	项目名称	项目特征	计量单位	工程量计算规则	工作内容
050404001	围堰	1. 围堰断面尺寸 2. 围堰长度 3. 围堰材料及灌装袋材料品种、规格	1. m³ 2. m	1. 以立方米计量，按围堰断面面积乘以堤顶中心线长度以体积计算 2. 以米计量，按围堰堤顶中心线长度以延长米计算	1. 取土、装土 2. 堆筑围堰 3. 拆除、清理围堰 4. 材料运输
050404002	排水	1. 种类及管径 2. 数量 3. 排水长度	1. m³ 2. 天 3. 台班	1. 以立方米计量，按需要排水量以体积计算，围堰排水按堰内水面面积乘以平均水深计算 2. 以天计量，按需要排水日历天计算 3. 以台班计量，按水泵排水工作台班计算	1. 安装 2. 使用、维护 3. 拆除水泵 4. 清理

D. 5　安全文明施工及其他措施项目

安全文明施工及其他措施项目工程工程量清单项目设置、计量单位、工作内容及包括范围应按表 D. 5 的规定执行。

表 D. 5　安全文明施工及其他措施项目工程（编码：050405）

项目编码	项目名称	工作内容及包含范围
050405001	安全文明施工	1. 环境保护：现场施工机械设备降低噪声、防扰民措施；水泥、种植土和其他易飞扬细颗粒建筑材料密闭存放或采取覆盖措施；工程防扬尘洒水；土石方、杂草、种植遗弃物及建渣外运车辆防护措施；其他环节保护措施
050405001	安全文明施工	2. 文明施工："五牌一图"；现场围挡的墙面美化（包括内外粉刷、刷白、标语等）、压顶装饰；现场厕所便槽刷白、贴面砖，水泥砂浆地面或地砖，建筑物内临时便溺设施；其他施工现场临时设施的装饰装修、美化措施；现场生活卫生设施；符合卫生要求的饮水设备、淋浴、消毒等设施；生活用洁净燃料；防煤气中毒、防蚊虫叮咬等措施；施工现场操作场地的硬化；现场绿化、治安综合治理；现场配备医药保健器材、物品和急救人员培训；用于现场工人的防暑降温、电风扇、空调等设备及用电；其他文明施工措施 3. 安全施工：安全资料、特殊作业专项方案的编制，安全施工编制的购置及安全宣传；"三宝"（安全帽、安全带、安全网）、"四口"（楼梯口、管井口、通道口、预留洞口）、"五临边"（园桥围边、驳岸围边、跌水围边、槽坑围边、卸料平台两侧），水平防护架、垂直防护架、外架封闭等防护；施工安全用电，包括配电箱三级配电、两级保护装置要求、外电防护措施；起重设备（含起重机、井架、门架）的安全防护措施（含警示标志）及卸料平台的临边防护、层间安全门、防护棚等设施；园林工地起重机械的检验检测；施工机具防护棚及其围栏的安全保护设施；施工安全防护通道；工人的安全防护用品、用具购置；消防设施与消防器材的配置；电气保护、安全照明设施；其他安全防护措施 4. 临时设施：施工现场采用彩色、定型钢板，砖、混凝土砌块等围挡的安砌、维修、拆除；施工现场临时建筑物、构筑物的搭设、维修、拆除，如临时宿舍、办公室、食堂、厨房、厕所、诊疗所、临时文化福利用房、临时仓库、加工场、搅拌台、临时简易水塔、水池等；施工现场临时设施的搭设、维修、拆除，如临时供水通道、临时供电管线、小型临时设施等；施工现场规定范围内临时简易道路铺设，临时排水沟、排水设施安砌、维修、拆除；其他临时设施搭设、维修、拆除

续表

项目编码	项目名称	工作内容及包含范围
050405002	夜间施工	1. 夜间固定照明灯具和临时可移动照明灯具的设置、拆除 2. 夜间施工时施工现场交通标志、安全标牌、警示灯等的设置、移动、拆除 3. 夜间照明设备及照明用电、施工人员夜班补助、夜间施工劳动效率降低等
050405003	非夜间施工照明	为保证工程施工照常进行，在如假山石洞等特殊施工部位施工时所采用的照明设备的安拆、维护及照明用电等
050405004	二次搬运	由于施工场地条件限制而发生的材料、植物、成品、半成品等一次运输不能到达堆放地点，必须进行的二次或多次搬运
050405005	冬雨季施工	1. 冬雨（风）季施工时增加的临时设施（防寒保温、防雨、防风设施）的搭设、拆除 2. 冬雨（风）季施工时对植物、砌体、混凝土等采用的特殊加温、保温和养护措施 3. 冬雨（风）季施工时施工现场的防滑处理，对影响施工的雨雪的清理 4. 冬雨（风）季施工时增加的临时设施、施工人员的劳动保护用品、冬雨（风）季施工劳动效率降低等
050405006	反季节栽植影响措施	因反季节栽植在增加材料、人工、防护、养护、管理等方面采取的种植措施及保证成活率措施
050405007	地上、地下设施的临时保护设施	在工程施工过程中，对已建成的地上、地下设施和植物进行的遮盖、封闭、隔离等必要保护措施
050405008	已完工程及设备保护	对已完工程及设备采取的覆盖、包裹、封闭隔离等必要的保护措施

注　本表所列项目应根据工程实际情况计算措施项目费用，需分摊的应合理计算摊销费用。

附录5　《浙江省建设工程工程量清单计价指引——园林绿化及仿古建筑工程》节选

关于贯彻《建设工程工程量清单计价规范》（GB 50500—2013）等国家标准的通知（建建发〔2013〕273号）

各市建委（建设局）、宁波市城市管理局、绍兴市建管局，义乌市建设局，宁波市发改委：

根据《建设工程工程量清单计价规范》（GB 50500—2013）及《房屋建筑与装饰工程工程量计算规范》等国家标准（以下统称《规范》）、住房和城乡建设部、财政部印发的《建筑安装工程费用项目组成》（建标〔2013〕44号）（以下简称44号文）相关要求，为使《规范》在工程造价管理中发挥更大作用，进一步做好推行工程量清单计价工作，结合我省实际，现就有关事项通知如下：

一、提高认识，进一步全面推行清单计价模式

全面推行工程量清单计价模式，完善工程清单计价相关制度，有利于促进政府职能转变，充分发挥市场在工程建设资源配置中的作用，促进建设市场的公开、公正、公平秩序的建立，提高投资效益。

各地建设行政主管部门和工程造价管理机构要依法加强对建设工程计价行为的监督管理，督促市场各方主体自觉使用工程量清单计价模式。使用国有资金投资的建设工程发承包，必须采用工程量清单计价，国有资金投资的建设工程招标，招标人必须编制招标控制价。工程量清单应采用综合单价计价。招标控制价应按本省计价依据的相关规定编制。招标工程量清单必须作为招标文件的组成部分，其准确性和完整性应由招标人负责。投标人必须按招标工程量清单填报价格，其项目编码、项目名称、项目特征、计量单位、工程量必须与招标工程量清单一致。

工程造价管理机构应加强对招标控制价编制质量的监管，充分发挥招标控制价对预防围标串标、虚抬价格的作用，遏制不合理压低工程造价的行为。

二、结合实际，稳妥做好《规范》贯彻实施工作

我省自2014年1月1日起实施《规范》，为保持我省现行计价依据（政策、规则）稳定性和可操作性，本省建设工程发承包及实施阶段的计价规定仍按《浙江省建设工程计价规则（2010版）》（以下简称计价规则）执行，同时结合

《规范》对以下方面做相应调整。

1. 分部分项工程项目清单必须载明项目编码、项目名称、计量单位和工程量。分部分项工程项目清单必须根据《房屋建筑与装饰工程工程量计算规范》等国家标准规定的项目编码、项目名称、项目特征、计量单位和工程量计算规则进行编制。

2. 措施项目清单按我省计价规则分为施工技术措施项目清单和施工组织措施项目清单。其中，施工技术措施项目清单按《房屋建筑与装饰工程工程量计算规范》等国家标准规定的项目编码、项目名称、项目特征、计量单位和工程量计算规则进行编制。施工组织措施项目清单按本省现行计价依据编制，并按44号文要求取消检验试验费项目（检验试验费并入企业管理费），增加工程定位复测费和特殊地区施工增加费二个措施项目清单。施工技术措施项目清单和施工组织措施项目清单的其他规定按本省现行计价依据执行。

措施项目中的安全文明施工费必须按本省计价依据的规定计算，不得低于《浙江省建设工程施工费用定额》规定的下限费率。

3. 规费和税金必须按我省计价依据规定计算，不得作为竞争性费用。

4. 按44号文要求，本省现行规费中取消"意外伤害保险费"项目，"意外伤害保险费"作为企业管理费的内容单独列项计算。其他规费项目仍按我省计价依据规定计算，各市要按我省统一要求加强工伤保险费率的测算和制定。

5. 清单工程量必须按照《房屋建筑与装饰工程工程量计算规范》等国家标准规定的工程量计算规则计算。采用单价合同的工程量必须以承包人完成合同工程应予计算的工程量确定。

三、健全机制，进一步规范工程计价行为

1. 做好招标控制价、中标价、竣工结算价信息报送和市场工程造价信息采集发布工作，继续健全人工、材料、机械价格动态调整和发布机制。

2. 推行建设工程合同示范文本，严格合同备案管理，加强合同条款内容审查，强化工程建设各方面履约监管，规范工程造价风险分担行为。建设工程发承包时必须在招标文件、合同中明确计价中的风险内容及其范围，不得采用无限风险、所有风险或类似语句规定计价中的风险内容及范围。施工企业应增强风险意识，精心制订施工方案，合理确定投标标价，投标报价不得低于工程成

本。工程完工后，发承包双方必须在合同约定时间内办理工程竣工结算。

3. 工程造价管理机构要完善工程计价纠纷投诉处理机制，将计价依据争议解释、认定工作落到实处。

省建设工程造价管理总站应根据本通知及 44 号文要求，制定相关的综合解释，调整施工取费相关费率，依据《房屋建筑与装饰工程工程量计算规范》等国家标准抓紧编制完成各专业工程工程量清单计价指引，满足工程计价的需要。

各市在实施过程中遇有问题请及时向省建设工程造价管理总站反映。

浙江省住房和城乡建设厅

二〇一三年十月二十一日

前 言

根据省住房和城乡建设厅"关于贯彻《建设工程工程量清单计价规范》（GB 50500—2013）等国家标准的通知（建建发〔2013〕273 号）"的要求，为保持我省现行计价依据（政策、规则）稳定性和可操作性，我省建设工程发承包及实施阶段的计价规定仍按《浙江省建设工程计价规则（2010 版）》执行，为做好《房屋建筑与装饰工程工程量计算规范》（GB 50854—2013）等专业工程计算规范的贯彻实施工作，我们组织各专业的有关专家重新写了《浙江省建设工程工程量清单计价指引》，供建设各方主体在工程计价活动中参考使用。

《浙江省建设工程工程量清单计价指引》分四册，即建筑装饰工程（第一册），通用安装工程（第二册），市政工程（第三册），园林绿化及仿古建筑工程（第四册）。本次重编后的内容仅列清单项目与现行计价依据定额子目的对应关系，涉及工程计价的内容按《浙江省建设工程计价规则（2010 版）》和相关的综合解释、补充规定执行。

《浙江省建筑工程工程量清单计价指引》由浙江省建设工程造价管理总站负责解释，各单位在执行中如发现需修改或补充的，请及时与省建设工程造价管理总站联系。

浙江省建设工程造价管理总站

二〇一三年十一月

目录（部分）

A 绿 化 工 程

A.1 绿地整理

绿地整理工程量清单项目设置、项目特征描述的内容、计量单位、工程量计算规则应按表 A.1 的规定执行。

表 A.1　　　　　　　　　　　　　　　　绿地整理（编码：050101）

项目编码	项目名称	项目特征	计量单位	工程量计算规则	工作内容	可组合的主要内容	对应的定额子目
050101001	砍伐乔木	树干胸径	株	按数量计算	1. 砍伐 2. 废弃物运输 3. 场地清理	1. 大树砍伐	1-181～1-184
						2. 其他	
050101002	挖树根（蔸）	地径			1. 挖树根 2. 废弃物运输 3. 场地清理		
050101003	砍挖灌木丛及根	丛高或蓬径	1. 株 2. m²	1. 以株计量，按数量计算 2. 以平方米计量，按面积计算	1. 砍挖 2. 废弃物运输 3. 场地清理		
050101004	砍挖竹及根	根盘直径	株（丛）	按数量计算			
050101005	砍挖芦苇（或其他水生植物）及根	根盘丛径	m²	按面积计算			
050101006	清除草皮	草皮种类		按面积计算	1. 除草 2. 废弃物运输 3. 场地清理		
050101007	清除地被植物	植物种类	m²		1. 清除植物 2. 废弃物运输 3. 场地清理		
050101008	屋面清理	1. 屋面做法 2. 屋面高度		按设计图示尺寸以面积计算	1. 原屋面清扫 2. 废弃物运输 3. 场地清理		

续表

项目编码	项目名称	项目特征	计量单位	工程量计算规则	工作内容	可组合的主要内容	对应的定额子目
050101009	种植土回（换）填	1. 回填土质要求 2. 取土运距 3. 回填厚度 4. 弃土运距	1. m³ 2. 株	1. 以立方米计量，按设计图示回填面积乘以回填厚度以体积计算 2. 以株计量，按设计图示数量计算	1. 土方挖、运 2. 回填 3. 找平、找坡 4. 废弃物运输	1. 挖土	4 - 69～4 - 71
						2. 运土	4 - 52～4 - 55
						3. 回填土	4 - 63
						4. 其他	
050101010	整理绿化用地	1. 回填土质要求 2. 取土运距 3. 回填厚度 4. 找平找坡要求 5. 弃渣运距	m²	按设计图示尺寸以面积计算	1. 排地表水 2. 土方挖、运 3. 耙细、过筛 4. 回填 5. 找平、找坡 6. 拍实 7. 废弃物运输	1. 绿地平整	1 - 210
						2. 其他	

A. 2 栽植花木

栽植花木工程量清单项目设置、项目特征描述的内容、计量单位、工程量计算规则应按表 A. 2 的规定执行。

表 A. 2   栽植花木（编码：050102）

项目编码	项目名称	项目特征	计量单位	工程量计算规则	工作内容	可组合的主要内容	对应的定额子目
050102001	栽植乔木	1. 种类 2. 胸径或干径 3. 株高、冠径 4. 起挖方式 5. 养护期	株	按设计图示数量计算	1. 起挖 2. 运输 3. 栽植 4. 养护	1. 起挖乔木	1 - 1～1 - 20、 1 - 157～1 - 164
						2. 大树迁移	1 - 165～1 - 172
						3. 栽植乔木	1 - 55～1 - 74、 1 - 173～1 - 180
						4. 乔木养护	1 - 239～1 - 241、 1 - 245～1 - 247、 1 - 251、1 - 252、 1 - 256、1 - 257、 1 - 261、1 - 262、 1 - 266、1 - 267、 1 - 242～1 - 244、 1 - 248～1 - 250、 1 - 253～1 - 255、 1 - 258～1 - 260、 1 - 263～1 - 265、 1 - 268～1 - 270
						5. 其他	

续表

项目编码	项目名称	项目特征	计量单位	工程量计算规则	工作内容	可组合的主要内容	对应的定额子目
050102002	栽植灌木	1. 种类 2. 根盘直径 3. 冠丛高 4. 蓬径 5. 起挖方式 6. 养护期	1. 株 2. m²	1. 以株计量，按设计图示数量计算 2. 以平方米计量，按设计图示尺寸以绿化水平投影面积计算		1. 起挖	1-21～1-40
						2. 栽植	1-75～1-102
						3. 养护	1-271～1-278
						4. 其他	
050102003	栽植竹类	1. 竹种类 2. 竹胸径或根盘丛径 3. 养护期	株（丛）		1. 起挖 2. 运输 3. 栽植 4. 养护	1. 起挖	1-41～1-51
						2. 栽植	1-125～1-135
						3. 养护	1-294
						4. 其他	
050102004	栽植棕榈类	1. 种类 2. 株高、地径 3. 养护期	株	按设计图示数量计算		1. 起挖	1-1～1-20、 1-157～1-164
						2. 大树迁移	1-165～1-172
						3. 栽植	1-55～1-74、 1-173～1-180
						4. 养护	1-239～1-244、 1-251～1-255、 1-261～1-265
						5. 其他	

续表

项目编码	项目名称	项目特征	计量单位	工程量计算规则	工作内容	可组合的主要内容	对应的定额子目
050105005	栽植绿篱	1. 种类 2. 篱高 3. 行数、蓬径 4. 单位面积株数 5. 养护期	1. m 2. m²	1. 以米计量,按设计图示长度以延长米计算 2. 以平方米计量,按设计图示尺寸以绿化水平投影面积计算		1. 起挖	1-21～1-27、1-35～1-40
						2. 栽植	1-103～1-117
						3. 养护	1-279～1-293
						4. 其他	
050102006	栽植攀缘植物	1. 植物种类 2. 地径 3. 单位长度株数 4. 养护期	1. 株 2. m	1. 以株计量,按设计图示数量计算 2. 以米计量,按设计图示种植长度以延长米计算	1. 起挖 2. 运输 3. 栽植 4. 养护	1. 起挖	1-21～1-40
						2. 栽植	1-75～1-88
						3. 养护	1-304、1-305
						4. 其他	
050102007	栽植色带	1. 苗木、花卉种类 2. 株高或蓬径 3. 单位面积株数 4. 养护期	m²	按设计图示尺寸以绿化水平投影面积计算		1. 起挖	1-21～1-23、1-35～1-38
						2. 栽植	1-75～1-102
						3. 养护	1-271～1-278
						4. 其他	
050102008	栽植花卉	1. 花卉种类 2. 株高或蓬径 3. 单位面积株数 4. 养护期	1. 株(丛、缸) 2. m²	1. 以株(丛、缸)计量,按设计图示数量计算 2. 以平方米计量,按设计图示尺寸以水平投影面积计算		1. 起挖	1-52
						2. 栽植	1-123、1-124
						3. 养护	1-303、1-306
						4. 其他	
050102009	栽植水生植物	1. 植物种类 2. 株高或蓬径或芽数/株 3. 单位面积株数 4. 养护期	1. 株(丛、缸) 2. m²	1. 以株(丛、缸)计量,按设计图示数量计算 2. 以平方米计量,按设计图示尺寸以水平投影面积计算	1. 起挖 2. 运输 3. 栽植 4. 养护	1. 栽植	1-136～1-156
						2. 其他	

续表

项目编码	项目名称	项目特征	计量单位	工程量计算规则	工作内容	可组合的主要内容	对应的定额子目
050102010	垂直墙体绿化种植	1. 植物种类 2. 生长年数或地（干）径 3. 栽植容器材质、规格 4. 栽植基质种类、厚度 5. 养护期	1. m² 2. m	1. 以平方米计量，按设计图示尺寸以绿化水平投影面积计算 2. 以米计量，按设计图示种植长度以延长米计算	1. 起挖 2. 运输 3. 栽植容器安装 4. 栽植 5. 养护		
050102011	花卉立体布置	1. 草本花卉种类 2. 高度或蓬径 3. 单位面积株数 4. 种植形式 5. 养护期	1. 单体（处） 2. m²	1. 以单体（处）计量，按设计图示数量计算 2. 以平方米计量，按设计图示尺寸以面积计算	1. 起挖 2. 运输 3. 栽植 4. 养护		
050102012	铺种草皮	1. 草皮种类 2. 铺种方式 3. 养护期	m²	按设计图示尺寸以绿化投影面积计算	1. 起挖 2. 运输 3. 铺底砂（土） 4. 栽植 5. 养护	1. 起挖	1-53～1-54
						2. 栽植	1-118～1-122
						3. 养护	1-307～1-318
						4. 其他	
050102013	喷播植草（灌木）籽	1. 基层材料种类规格 2. 草（灌木）籽种类 3. 养护期			1. 基层处理 2. 坡地细整 3. 喷播 4. 覆盖 5. 养护	1. 喷播	1-108
						2. 养护	1-307、1-311、1-315
						3. 其他	
050102014	梢（植）草砖内植草	1. 草坪种类 2. 养护期			1. 起挖 2. 运输 3. 覆土（砂） 4. 铺设 5. 养护		

续表

项目编码	项目名称	项目特征	计量单位	工程量计算规则	工作内容	可组合的主要内容	对应的定额子目
050102015	挂网	1. 种类 2. 规格	m²	按设计图示尺寸以挂网投影面积计算	1. 制作 2. 运输 3. 安放		
050102016	箱/钵栽植	1. 箱/钵体材料品种 2. 箱/钵体外形尺寸 3. 栽植植物种类、规格 4. 土质要求 5. 防护材料种类 6. 养护期	个	按设计图示箱/钵数量计算	1. 制作 2. 运输 3. 安放 4. 栽植 5. 养护		

注 1. 挖土外运、借土回填、挖（凿）土（石）方应包括在相关项目内。

2. 苗木计算应符合下列规定：

　　1）胸径应为地表面向上1.2m高处树干直径；

　　2）冠径又称冠幅，应为苗木冠丛垂直投影面的最大直径和最小直径之间的平均值；

　　3）蓬径应为灌木、灌丛垂直投影面的直径；

　　4）地径应为地表面向上0.1m高处树干直径；

　　5）干径应为地表面向上0.3m高处树干直径；

　　6）株高应为地表面至树顶端的高度；

　　7）冠丛高应为地表面至乔（灌）木顶端的高度；

　　8）篱高应为地表面至绿篱顶端的高度；

　　9）养护期应为招标文件中要求苗木种植结束后承包人负责养护的时间。

3. 苗木移（假）植应按花木栽植相关项目单独编码列项。

4. 土球包裹材料、树体输液保湿及喷洒生根剂等费用包含在相应项目内。

5. 墙体绿化浇灌系统按本规范A.3绿地喷灌相关项目单独编码列项。

6. 发包人如有成活率要求时，应在特征描述中加以描述。

附录6 《浙江省园林绿化及仿古建筑工程预算定额》（2010 版）节选

总 说 明

一、《浙江省园林绿化及仿古建筑工程预算定额》（2010 版）（以下简称本定额）是根据省建设厅、省发改委、省财政厅《关于组织修订〈浙江省建设工程计价依据（2010 版）〉的通知》（建建发〔2009〕165 号）、国家标准《建设工程工程量清单计价规范》GB 50500—2008 及有关规定，在《浙江省园林绿化及仿古建筑工程预算定额》（2003 版）的基础上，依据设计、施工验收规范以及安全操作规程等，结合本省实际情况编制的。

二、本定额按照正常的施工条件，成熟的施工工艺，合理的施工组织设计，合格的材料（成品、半成品）为基础编制，反映我省施工企业的平均消耗量水平，是完成定额项目规定工作内容所需的人工、材料、施工机械的消耗量标准。本定额的工作内容仅对主要工序作了说明，次要工序虽未一一列出，定额均已考虑。

三、本定额是指导设计概算、施工图预算、投标报价的编制以及工程合同价约定、竣工结算办理、工程计价纠纷调解处理、工程造价鉴定等的依据。全部使用国有资金或国有资金投资为主的工程建设项目，编制招标控制价应执行本定额。

四、本定额分上下两册，内容包括绿化工程，园路、园桥、假山工程，园林景观工程及仿古建筑工程。本定额未包括的项目，可按本省其他相应工程计价定额计算，如仍缺项的，应编制地区性补充定额或一次性补充定额，并按规定履行申报手续。

五、本定额适用于本省区域内的绿化和园路、园桥、假山工程，园林景观及仿古建筑的新建、扩建、改建工程，包括道路、庭园、建筑内外和建筑物之间的绿化及小型园林建筑工程。

六、本定额的人工消耗量是以《建设工程劳动定额 园林绿化工程》LD/T 75.1～3—2008 为基础，结合园林绿化及仿古建筑工程的特点及本省的实际情况编制的。定额已考虑了各项目施工操作的直接用工、其他用工（材料超运距、工种搭接以及临时的停水、停电等人工）及人工幅度差。定额每工日按 8h 工时制考虑。园林绿化、土（石）方工程、垂直运输工程日工资单价按一类人工 40 元计算；园路、园桥、假山工程，园林景观工程，打桩、基础垫层工程，砌筑工程，混凝土工程，围堰、脚手架工程日工资单价按二类人工 43 元计算；其他工程日工资单价按三类人工 50 元计算。

七、有关建筑材料、成品、半成品的说明：

（1）定额中材料、成品及半成品是按合格产品考虑的。

（2）材料、成品及半成品的定额消耗量均包括场内运输损耗和施工操作损耗。

（3）材料价格包括市场供应价、运杂费、运输损耗费、采购保管费。

（4）材料、成品及半成品的场内水平运输（从工地仓库、现场堆放地点或现场加工地点至操作地点）除定额另有规定者外，均已包括在相应定额内，垂直运输另按第十三章垂直运输工程定额计算。

（5）本定额中的黄砂，用于垫层的为毛砂，用于混凝土及砂浆配合比的为净砂，其过筛人工及筛耗已包括在材料价格内。用于混凝土的碎石，其材料价格内已考虑了一定比例的冲洗费用和损耗。

（6）本定额中淋化每立方米石膏按统货生石灰 750kg 编制。

（7）本定额木种分类如下：

一、二类：红松、水桐木、樟子松、白松（云杉、冷杉）杉木、杨木、柳木、椴木。

三、四类：青松、黄花松、秋子木、马尾松、东北榆木、柏木、苦楝树、梓木、黄菠萝、椿木、楠木、柚木、樟木、栎木（柞木）、檀木、色木、槐木、荔木、麻栗木（麻栎、青刚）、桦木、荷木、水曲柳、华北榆木、榉木、枫木、橡木、核桃木、樱桃木。

（8）定额中的周转材料按摊销量编制，且已包括回库维修消耗量及相关费用。

（9）定额子目中次要的零星材料虽未一一列出，但已包括在其他材料费内。

八、有关建筑机械台班定额的说明：

（1）本定额的机械台班机上人工是按现行《全国建筑安装工程统一劳动定额》及本省实际情况编制的，台班单价按《浙江省施工机械台班费用定额》（2010版）计算，每一台班按8h工作制考虑，并增加了生产使用的机械幅度差。

（2）本定额中建筑机械的类型、规格是按正常施工、合理配置及本省施工企业机械配备情况考虑的，未列出的零星机械已包括在定额内。

（3）定额未包括大型机械场外运输及安拆费用，发生时应根据施工组织设计选用的实际机械种类及规格，按《浙江省建筑工程预算定额》（2010版）的有关规定计算。

九、本定额适用于建筑物檐高20m以内的工程，檐高超过20m的，建筑物超高施工增加费参照《浙江省建筑工程预算定额》（2010版）的有关规定计算。

十、定额中的建筑物檐高是指设计室外地坪至建筑物檐口底的高度，突出主体建筑物屋顶的电梯机房、楼梯间、有围护结构的水箱间、瞭望塔等不计高度。

十一、建筑物的层高是指本层设计楼（地）面至一层楼面的高度。

十二、在外围开窗面积小于室内平面面积2.5%的地下室、库房及暗室等室内施工时，所发生的洞库照明费按所涉及子目定额人工费的40%计算。

十三、定额中凡注明"××以内"或"以下"者，均包括本身在内；注明"××以外"或"以上"者，则不包括其本身。

十四、定额中遇两个或两个以上系数时，按连乘的方法计算。

十五、本定额由浙江省建设工程造价管理总站负责解释与管理。

总目录

上册

下册

上册目录（节选）

第一章　园林绿化工程

说　明

一、本章定额包括种植和养护两部分。种植定额包括种植前的准备、种植过程中的工料、机械费用和种植完工验收前的苗木养护费用。具体分苗木起挖；苗木栽植；大树迁移（包括大树砍伐）；支撑、卷杆、遮阴棚搭设；地形整理、滤水层及人工换土。养护定额为种植完工验收后的绿地养护费用。

二、种植定额基价中未包括苗木、花卉价格，其价格根据当时当地的价格确定，乔木的种植损耗按 1% 计算，灌木等种植损耗按 5% 计算。

三、本章定额未包括种植前清除建筑垃圾及其他障碍物。

四、起挖或栽植树木均以一、二类土为计算标准，如为三类土，人工乘以系数 1.34，四类土人工乘以系数 1.76，冻土人工乘以系数 2.20。

五、本定额以原土回填为准，如需换土，按"换土"定额另行计算。土坡高差在 0.3~1m 之间的，参照"机械造坡"定额计算。

六、设计未注明土球直径时，乔木按胸径的 8 倍计算，不能按胸径计算时，则按地径的 7 倍计算土球直径，灌木或亚乔木（如丛生状的桂花等）按其蓬径的 1/3 计算土球直径。胸径指离地面 1.2m 高处的树杆直径，地径指离地 0.3m 高处的树杆直径。

七、苗木高度指苗木露出地表的根茎部至树冠顶部之间的距离。

八、反季节种植的人工、材料、机械及养护等费用按实结算。根据植物品种在不适宜其种植的季节（一般在每年的 1 月、2 月、7 月、8 月）种植，视作反季节种植。

九、水生植物分湿生植物、挺水植物、浮叶植物、漂浮植物，定额只考虑在有水的塘中种植水生植物，干塘种植按实结算。

十、绿化养护定额适用于苗木种植后的初次养护。定额的养护期为一年，实际养护期非一年的，定额按比例换算。养护标准参照《杭州市城市绿地养护质量标准》（见附表），本定额以二类绿地养护标准编制。一般要求行道树成活率在 95% 以上；其他的成活率在 98% 以上；保存率为 100%。

十一、灌木片植是指每块种植的绿地面积在 5m² 以上，种植密度每平方米大于 6 株，且三排以上排列的一种成片栽植形式。

(1)

十二、本定额未包括的项目：

(1) 非适宜地树种的栽植、养护及反季的栽植、养护；

(2) 古树名木和超规格大树的栽植、养护；

(3) 高架绿化、边坡绿化的栽植、养护；

(4) 屋顶绿化、水生植物的养护；屋顶绿化的垂直运输及设施保护费。

(5) 绿化围栏、花坛等设施的维护费用。

工程量计算规则

一、遮阴棚面积按展开面积计算。

二、草绳绕树干长度按草绳所绕部分的树干长度以"m"计算。

三、乔木、亚乔木、灌木的种植、养护以"株"计算。

四、草皮的种植、草坪养护以"m²"计算。

五、单排、双排、三排的绿篱种植、养护，均以"延长米"计算。

六、花卉的种植以"株"计算。

七、攀缘植物的养护，以"株"计算。

八、草本花卉、地被植物的养护按"m²"计算。

九、湿生植物、挺水植物和浮叶植物以"株（丛）"计算，漂浮植物以"m²"计算。

十、竹类养护以"株"计算。

十一、球形植物的养护以"株"计算。

十二、灌木片植的种植、养护按绿地面积以"m²"计算。

(2)

一、苗木起挖

工作内容：起挖、包扎、出塘、搬运集中、回土填塘。　　计量单位：10 株

定额编号	1-1	1-2	1-3	1-4	1-5	1-6
项目	起挖乔木（带土球）					
	土球直径（cm）					
	20 以内	40 以内	60 以内	80 以内	100 以内	120 以内
基价（元）	22	57	136	386	664	983
其中　人工费（元）	10.88	35.36	92.48	182.24	394.40	595.68
其中　材料费（元）	10.80	21.60	43.20	64.80	108.00	162.00
其中　机械费（元）	—	—	—	139.41	161.18	225.40

名称	单位	单价（元）	消耗量					
人工　一类人工	工日	40.00	0.272	0.884	2.312	4.556	9.860	14.892
材料　草绳	kg	1.08	10.000	20.000	40.00	60.000	100.00	150.00
机械　汽车式起重机 5t	台班	330.22	—	—	—	0.169	0.199	0.278
机械　载重汽车 4t	台班	282.45	—	—	—	0.296	0.338	0.473

（3）

工作内容：起挖、包扎、出塘、搬运集中、回土填塘。　　计量单位：10 株

定额编号	1-7	1-8
项目	起挖乔木（带土球）	
	土球直径（cm）	
	140 以内	160 以内
基价（元）	1283	1583
其中　人工费（元）	745.28	894.20
其中　材料费（元）	216.00	270.00
其中　机械费（元）	322.03	418.67

名称	单位	单价（元）	消耗量	
人工　一类人工	工日	40.00	18.632	22.355
材料　草绳	kg	1.08	200.00	250.000
机械　汽车式起重机 5t	台班	330.22	0.397	0.516
机械　载重汽车 4t	台班	282.45	0.676	0.879

（4）

工作内容：起挖、修剪、出塘、搬运集中、回土填塘。　　计量单位：10株

定额编号			1-9	1-10	1-11	1-12	1-13	1-14
项目			起挖乔木（裸根）					
			胸径（cm）					
			4以内	6以内	8以内	10以内	12以内	14以内
基价（元）			11	22	35	68	109	150
其中	人工费（元）		10.88	21.76	35.36	68.00	108.80	149.60
	材料费（元）		—	—	—	—	—	—
	机械费（元）		—	—	—	—	—	—
名称	单位	单价（元）	消耗量					
人工	一类人工	工日	40.00	0.272	0.544	0.884	1.700	2.720	3.740

工作内容：起挖、修剪、出塘、搬运集中、回土填塘。　　计量单位：10株

工作内容：起挖、修剪、出塘、搬运集中、回土填塘。　　计量单位：10株

定额编号			1-15	1-16	1-17	1-18	1-19	1-20
项目			起挖乔木（裸根）					
			胸径（cm）					
			16以内	18以内	20以内	22以内	24以内	26以内
基价（元）			257	331	477	591	680	781
其中	人工费（元）		193.12	233.92	315.52	397.80	454.24	523.60
	材料费（元）		—	—	—	—	—	—
	机械费（元）		64.22	96.63	161.18	193.60	225.40	257.82
名称	单位	单价（元）	消耗量					
人工	一类人工	工日	40.00	4.828	5.848	7.888	9.945	11.356	13.090
机械	汽车式起重机5t	台班	330.22	0.079	0.119	0.199	0.239	0.278	0.318
	载重汽车4t	台班	282.45	0.135	0.203	0.338	0.406	0.473	0.541

（5）　　　　　　　　　　　　　　　　　　　　（6）

工作内容：起挖、包扎、出塘、搬运集中、回土填塘。　　计量单位：10株

定额编号			1-21	1-22	1-23	1-24	1-25	1-26	1-27
项目			起挖灌木、藤本（带土球）						
			土球直径（cm）						
			5以内	10以内	20以内	30以内	40以内	50以内	60以内
基价（元）			3	6	16	33	57	84	133
其中	人工费（元）		2.40	4.20	10.88	21.76	40.80	62.56	100.64
	材料费（元）		1.08	2.16	5.40	10.80	16.20	21.60	32.40
	机械费（元）		—	—	—	—	—	—	—
名称	单位	单价（元）	消耗量						
人工 一类人工	工日	40.00	0.060	0.105	0.272	0.544	1.020	1.564	2.516
材料 草绳	kg	1.08	1.000	2.000	5.000	10.000	15.000	20.000	30.000

工作内容：起挖、包扎、出塘、搬运集中、回土填塘。　　计量单位：10株

定额编号			1-28	1-29	1-30	1-31	1-32	1-33	1-34
项目			起挖灌木、藤本（带土球）						
			土球直径（cm）						
			70以内	80以内	100以内	120以内	140以内	160以内	180以内
基价（元）			267	411	694	1024	1343	1630	1883
其中	人工费（元）		130.56	206.72	424.32	636.48	805.12	941.80	1043.80
	材料费（元）		43.20	64.80	108.00	162.00	216.00	270.00	324.00
	机械费（元）		92.96	139.41	161.18	225.40	322.03	418.67	515.30
名称	单位	单价（元）	消耗量						
人工 一类人工	工日	40.00	3.264	5.168	10.608	15.912	20.128	23.545	26.095
材料 草绳	kg	1.08	40.000	60.000	100.000	150.000	200.000	250.000	300.000
机械 汽车式起重机5t	台班	330.22	0.113	0.169	0.199	0.278	0.397	0.516	0.635
载重汽车4t	台班	282.45	0.197	0.296	0.338	0.473	0.676	0.879	1.082

工作内容：起挖、修剪、搬运集中、回土填塘。　　　　计量单位：10株

定额编号			1-35	1-36	1-37	1-38	1-39	1-40
项目			起挖灌木、藤本（裸根）					
			苗木高度（cm）					
			30以内	50以内	100以内	150以内	200以内	250以内
基价（元）			2	3	8	14	27	46
其中	人工费（元）		2.00	3.40	8.16	13.60	27.20	46.24
	材料费（元）		—	—	—	—	—	—
	机械费（元）		—	—	—	—	—	—
名称	单位	单价（元）	消耗量					
人工	一类人工	工日	40.00	0.050	0.085	0.204	0.340	0.680	1.156

(9)

工作内容：起挖、包扎、出塘、修剪、打浆、搬运集中、回土填塘。

計量单位：10株

定额编号			1-41	1-42	1-43	1-44	1-45
项目			起挖竹类（单生竹）				
			胸径（cm）				
			2以内	4以内	6以内	8以内	10以内
基价（元）			14	27	35	57	84
其中	人工费（元）		8.16	16.32	24.48	40.80	68.00
	材料费（元）		5.40	10.80	10.80	16.20	16.20
	机械费（元）		—	—	—	—	—
名称	单位	单价（元）	消耗量				
人工	一类人工	工日	40.00	0.204	0.408	0.612	1.020	1.700
材料	草绳	kg	1.08	5.000	10.000	10.000	15.000	15.000

(10)

工作内容：起挖、包扎、出塘、修剪、打浆、搬运集中、回土填塘。

计量单位：10 丛

定额编号			1 - 46	1 - 47	1 - 48	1 - 49	1 - 50	1 - 51
项目			起挖竹类（丛生竹）					
			根盘丛径（cm）					
			30 以内	40 以内	50 以内	60 以内	70 以内	80 以内
基价（元）			24	46	76	125	242	330
其中	人工费（元）		19.04	35.36	65.28	108.80	127.84	163.20
	材料费（元）		5.40	10.80	10.80	16.20	21.60	27.00
	机械费（元）		—	—	—	—	92.96	139.41
名称	单位	单价（元）	消耗量					
人工 一类人工	工日	40.00	0.476	0.884	1.632	2.720	3.196	4.080
材料 草绳	kg	1.08	5.000	10.000	10.000	15.000	20.000	25.000
机械 汽车式起重机 5t	台班	330.22	—	—	—	—	0.113	0.169
载重汽车 4t	台班	282.45	—	—	—	—	0.197	0.296

(11)

工作内容：起挖、包扎、搬运集中。

计量单位：10m²

定额编号			1 - 52	1 - 53	1 - 54
项目			起挖地被	起挖草皮	
				带土厚度（cm）	
				2 以内	2 以上
基价（元）			13	20	30
其中	人工费（元）		13.26	19.86	30.19
	材料费（元）		—	—	—
	机械费（元）		—	—	—
名称	单位	单价（元）	消耗量		
人工 一类人工	工日	40.00	0.332	0.496	0.755

(12)

二、苗木栽植

工作内容：挖穴栽植、扶正回土、筑水围堰、浇水、复土保墒、整形清理。

计量单位：10株

定额编号			1-55	1-56	1-57	1-58	1-59	1-60
项目			栽植乔木（带土球）					
			土球直径（cm）					
			20以内	40以内	60以内	80以内	100以内	120以内
基价（元）			17	49	131	355	509	733
其中	人工费（元）		16.00	48.00	128.00	211.20	339.20	496.00
	材料费（元）		0.74	1.48	2.95	4.43	8.85	11.80
	机械费（元）		—	—	—	139.41	161.18	225.40
	名称	单位	单价（元）	消耗量				
人工	一类人工	工日	40.00	0.400	1.200	3.200	5.280	8.480	12.400
材料	水	m³	2.95	0.250	0.500	1.000	1.500	3.000	4.000
机械	汽车式起重机5t	台班	330.22	—	—	—	0.169	0.199	0.278
	载重汽车4t	台班	282.45	—	—	—	0.296	0.338	0.473

(13)

工作内容：挖穴栽植、扶正回土、筑水围堰、浇水、复土保墒、整形清理。

计量单位：10株

定额编号			1-61	1-62
项目			栽植乔木（带土球）	
			土球直径（cm）	
			140以内	160以内
基价（元）			1082	1332
其中	人工费（元）		745.60	896.00
	材料费（元）		14.75	17.70
	机械费（元）		322.03	418.67
	名称	单位	单价（元）	消耗量	
人工	一类人工	工日	40.00	18.640	22.400
材料	水	m³	2.95	5.000	6.000
机械	汽车式起重机5t	台班	330.22	0.397	0.516
	载重汽车4t	台班	282.45	0.676	0.879

(14)

工作内容：挖穴栽植、扶正回土、筑水围堰、浇水、复土保墒、整形清理。

计量单位：10 株

定额编号			1-63	1-64	1-65	1-66	1-67	1-68
项目			栽植乔木（裸根）					
			胸径（cm）					
			4以内	6以内	8以内	10以内	12以内	14以内
基价（元）			17	27	53	89	155	249
其中	人工费（元）		16.00	25.60	51.20	86.40	150.40	243.20
	材料费（元）		0.74	1.48	2.21	2.95	4.43	5.90
	机械费（元）		—	—	—	—	—	—
	名称	单位	单价（元）	消耗量				
人工	一类人工	工日	40.00	0.400	0.640	1.280	2.160	3.760	6.080
材料	水	m³	2.95	0.250	0.500	0.750	1.000	1.500	2.000

（15）

工作内容：挖穴栽植、扶正回土、筑水围堰、浇水、复土保墒、整形清理。

计量单位：10 株

定额编号			1-69	1-70	1-71	1-72	1-73	1-74
项目			栽植乔木（裸根）					
			胸径（cm）					
			16以内	18以内	20以内	22以内	24以内	26以内
基价（元）			335	464	698	840	984	1127
其中	人工费（元）		262.40	355.20	521.60	628.00	736.00	844.00
	材料费（元）		8.85	11.80	14.75	18.59	22.13	25.67
	机械费（元）		64.22	96.63	161.18	193.60	255.40	257.82
	名称	单位	单价（元）	消耗量				
人工	一类人工	工日	40.00	6.560	8.880	13.040	15.700	18.400	21.100
材料	水	m³	2.95	3.000	4.000	5.000	6.300	7.500	8.700
机械	汽车式起重机 5t	台班	330.22	0.079	0.119	0.199	0.239	0.278	0.318
	载重汽车 4t	台班	282.45	0.135	0.203	0.338	0.406	0.473	0.541

（16）

工作内容：挖穴栽植、扶正回土、筑水围堰、浇水、复土保墒、整形清理。

计量单位：10株

定额编号			1-75	1-76	1-77	1-78	1-79	1-80	1-81
项目			栽植灌木、藤本（带土球）						
			土球直径（cm）						
			5以内	10以内	20以内	30以内	40以内	50以内	60以内
基价（元）			3	6	14	28	42	65	117
其中	人工费（元）		2.40	5.20	13.60	27.20	40.80	62.56	114.24
	材料费（元）		0.74	0.74	0.74	0.74	1.48	2.21	2.95
	机械费（元）		—	—	—	—	—	—	—
名称	单位	单价（元）	消耗量						
人工 一类人工	工日	40.00	0.060	0.130	0.340	0.680	1.020	1.564	2.856
材料 水	m³	2.95	0.250	0.250	0.250	0.250	0.500	0.750	1.000

(17)

工作内容：挖穴栽植、扶正回土、筑水围堰、浇水、复土保墒、整形清理。

计量单位：10株

定额编号			1-82	1-83	1-84	1-85	1-86	1-87	1-88
项目			栽植灌木、藤本（带土球）						
			土球直径（cm）						
			70以内	80以内	100以内	120以内	140以内	160以内	180以内
基价（元）			222	334	477	686	1000	1378	1818
其中	人工费（元）		125.12	190.40	307.36	448.80	663.68	941.80	1281.80
	材料费（元）		3.69	4.43	8.85	11.80	14.75	17.70	20.65
	机械费（元）		92.96	139.41	161.18	225.40	322.03	418.67	515.30
名称	单位	单价（元）	消耗量						
人工 一类人工	工日	40.00	3.128	4.760	7.684	11.220	16.592	23.545	32.045
材料 水	m³	2.95	1.250	1.500	3.000	4.000	5.000	6.000	7.000
机械 汽车式起重机5t	台班	330.22	0.113	0.169	0.199	0.278	0.397	0.516	0.635
载重汽车4t	台班	282.45	0.197	0.296	0.338	0.473	0.676	0.879	1.082

(18)

工作内容：挖穴栽植、扶正回土、筑水围堰、浇水、复土保墒、整形清理。

计量单位：10 株

定额编号			1-89	1-90	1-91	1-92	1-93	1-94
项目			栽植灌木、藤本（裸根）					
			苗木高度（cm）					
			30 以内	50 以内	100 以内	150 以内	200 以内	250 以内
基价（元）			3	5	12	17	31	54
其中	人工费（元）		2.40	4.08	10.88	16.32	29.92	51.68
	材料费（元）		0.74	0.89	0.74	0.74	1.48	2.21
	机械费（元）		—	—	—	—	—	—
名称	单位	单价（元）	消耗量					
人工 一类人工	工日	40.00	0.060	0.102	0.272	0.408	0.748	1.292
材料 水	m³	2.95	0.250	0.300	0.250	0.250	0.500	0.750

工作内容：挖穴栽植、扶正回土、筑水围堰、浇水、复土保墒、整形清理。

计量单位：10m²

定额编号			1-95	1-96	1-97	1-98	1-99
项目			灌木、藤本片植（苗高 50cm 以内）				
			种植密度（株/m²）				
			9 以内	16 以内	25 以内	36 以内	49 以内
基价（元）			21	35	53	75	101
其中	人工费（元）		19.44	33.79	51.60	72.58	98.92
	材料费（元）		1.48	1.62	1.77	1.92	2.07
	机械费（元）		—	—	—	—	—
名称	单位	单价（元）	消耗量				
人工 一类人工	工日	40.00	0.486	0.845	1.290	1.814	2.473
材料 水	m³	2.95	0.500	0.550	0.600	0.650	0.700

注 种植密度 9 以内、16 以内、25 以内、36 以内、49 以内，定额分别是按每平方米种植 9 株、16 株、25 株、49 株编制的。实际种植密度与定额不同时，定额基价按密度比例换算。

工作内容：挖穴栽植、扶正回土、筑水围堰、浇水、复土保墒、整形清理。

计量单位：10m²

定额编号			1-100	1-101	1-102
项目			灌木片植（苗高 50～100cm 以内）		
			种植密度（株/m²）		
			9 以内	16 以内	25 以内
基价（元）			44	75	114
其中	人工费（元）		42.12	73.22	111.80
	材料费（元）		1.48	1.62	1.77
	机械费（元）		—	—	—
名称	单位	单价（元）	消耗量		
人工	一类人工	工日	40.00	1.053	1.830	2.795
材料	水	m³	2.95	0.500	0.550	0.600

注 种植密度 9 以内、16 以内、25 以内，定额分别是按每平方米种植 9 株、16 株、25 株编制的。实际种植密度与定额不同时，定额基价按密度比例换算。

(21)

工作内容：开沟排苗、扶正回土、筑水围堰、浇水、复土保墒、整形清理。

计量单位：10m

定额编号			1-103	1-104	1-105	1-106	1-107	1-108
项目			栽植绿篱					
			单排，高（cm）					
			40 以内	60 以内	80 以内	100 以内	120 以内	150 以内
基价（元）			15	18	24	32	39	49
其中	人工费（元）		14.14	17.41	22.85	31.28	37.54	47.87
	材料费（元）		0.44	0.59	0.74	0.89	1.18	1.48
	机械费（元）		—	—	—	—	—	—
名称	单位	单价（元）	消耗量					
人工	一类人工	工日	40.00	0.354	0.435	0.571	0.782	0.938	1.197
材料	水	m³	2.95	0.150	0.200	0.250	0.300	0.400	0.500

(22)

工作内容：开沟排苗、扶正回土、筑水围堰、浇水、复土保墒、整形清理。

计量单位：10m

定额编号			1-109	1-110	1-111	1-112	1-113
项目			栽植绿篱				
			双排，高（cm）				
			40以内	60以内	80以内	100以内	120以内
基价（元）			18	22	32	45	66
其中	人工费（元）		17.41	20.94	30.74	43.79	64.46
	材料费（元）		0.59	0.74	0.89	1.18	1.62
	机械费（元）		—	—	—	—	—
名称	单位	单价（元）	消耗量				
人工 一类人工	工日	40.00	0.435	0.524	0.768	1.095	1.612
材料 水	m³	2.95	0.200	0.250	0.300	0.400	0.550

(23)

工作内容：开沟排苗、扶正回土、筑水围堰、浇水、复土保墒、整形清理。

计量单位：10m

定额编号			1-114	1-115	1-116	1-117
项目			栽植绿篱			
			三排，高（cm）			
			40以内	60以内	80以内	100以内
基价（元）			26	33	43	58
其中	人工费（元）		24.49	31.32	41.11	56.30
	材料费（元）		0.89	1.18	1.48	1.77
	机械费（元）		—	—	—	—
名称	单位	单价（元）	消耗量			
人工 一类人工	工日	40.00	0.637	0.783	1.028	1.408
材料 水	m³	2.95	0.300	0.400	0.500	0.600

(24)

工作内容：翻整土地、搬运草皮（草籽播种）、铺草嵌缝、浇水清理。

计量单位：100m²

定额编号			1-118	1-119	1-120	1-121	1-122
项目			栽植草皮				
			散铺	满铺	直生带	籽播	喷播
基价（元）			382	518	347	270	217
其中	人工费（元）		367.20	503.20	331.84	263.84	211.07
	材料费（元）		14.75	14.75	14.75	5.90	5.90
	机械费（元）		—	—	—	—	—
名称	单位	单价（元）	消耗量				
人工	一类人工	工日	40.00	9.180	12.580	8.296	6.596	5.277
材料	水	m³	2.95	5.000	5.000	5.000	2.000	2.000

注　如果喷播采用手摇喷播机参照籽播定额，如采用大型喷播机械另行计算。

(25)

工作内容：整形清理、翻土施肥、放样栽植、浇水保墒、清理。

计量单位：100株

定额编号			1-123	1-124
项目			栽植花卉	
			草本花	球根类
基价（元）			17	26
其中	人工费（元）		15.13	24.14
	材料费（元）		1.44	1.87
	机械费（元）		—	—
名称	单位	单价（元）	消耗量	
人工	一类人工	工日	40.00	0.378	0.604
材料	水	m³	2.95	0.400	0.546
	有机肥	m³	26.00	0.010	0.010

(26)

工作内容：挖穴栽植、扶正回土、筑水围堰、浇水、复土保墒、整形清理。

计量单位：10 株

定额编号			1 - 125	1 - 126	1 - 127	1 - 128	1 - 129
项目			栽植竹类（散生竹）				
			胸径（cm）				
			2 以内	4 以内	6 以内	8 以内	10 以内
基价（元）			12	17	26	48	76
其中	人工费（元）		10.88	16.32	24.48	46.24	73.44
	材料费（元）		0.74	1.12	1.48	2.21	2.95
	机械费（元）		—	—	—	—	—
名称	单位	单价（元）	消耗量				
人工	一类人工	工日	40.00	0.272	0.408	0.612	1.156	1.836
材料	水	m³	2.95	0.250	0.380	0.500	0.750	1.000

（27）

工作内容：挖穴栽植、扶正回土、筑水围堰、浇水、复土保墒、整形清理。

计量单位：10 丛

定额编号			1 - 130	1 - 131	1 - 132	1 - 133	1 - 134	1 - 135
项目			栽植竹类（丛生竹）					
			盘根丛径（cm）					
			30 以内	40 以内	50 以内	60 以内	70 以内	80 以内
基价（元）			20	34	80	95	202	265
其中	人工费（元）		19.04	32.64	78.88	92.48	106.08	122.40
	材料费（元）		0.74	1.12	1.48	2.21	2.95	2.95
	机械费（元）		—	—	—	—	92.96	139.41
名称	单位	单价（元）	消耗量					
人工	一类人工	工日	40.00	0.476	0.816	1.972	2.312	2.652	3.060
材料	水	m³	2.95	0.250	0.380	0.500	0.750	1.000	1.000
机械	汽车式起重机 5t	台班	330.22	—	—	—	—	0.113	0.169
	载重汽车 4t	台班	282.45	—	—	—	—	0.197	0.296

（28）

工作内容：搬运、挖穴栽植、整形清理。　　　　　　计量单位：100株（丛）

定额编号			1-136	1-137	1-138	1-139	1-140	1-141
项目			栽植水生植物（湿生植物）					
			根盘直径在15cm以内			根盘直径在15cm以上		
			5芽以内	10芽以内	10芽以上	5芽以内	10芽以内	10芽以上
基价（元）			13	15	18	20	25	29
其中	人工费（元）		10.88	13.60	16.32	18.36	22.78	27.20
	材料费（元）		1.74	1.74	1.74	1.74	1.74	1.74
	机械费（元）		—	—	—	—	—	—
名称	单位	单价（元）	消耗量					
人工	一类人工	工日	40.00	0.272	0.340	0.408	0.459	0.570	0.680
材料	水	m³	2.95	0.500	0.500	0.500	0.500	0.500	0.500
	有机肥	m³	26.00	0.010	0.010	0.010	0.010	0.010	0.010

(29)

工作内容：搬运、挖穴栽植、整形清理。　　　　　　计量单位：100株（丛）

定额编号			1-142	1-143	1-144	1-145	1-146	1-147
项目			栽植水生植物（挺水植物）					
			根盘直径在15cm以内			根盘直径在15cm以上		
			5芽以内	10芽以内	10芽以上	5芽以内	10芽以内	10芽以上
基价（元）			27	34	41	34	43	51
其中	人工费（元）		27.20	34.00	40.80	34.00	42.50	51.00
	材料费（元）		—	—	—	—	—	—
	机械费（元）		—	—	—	—	—	—
名称	单位	单价（元）	消耗量					
人工	一类人工	工日	40.00	0.680	0.850	1.020	0.850	1.063	1.275

(30)

工作内容：搬运、挖穴栽植、整形清理。　　　计量单位：100 株

定额编号	1-148	1-149
项目	栽植水生植物（荷花）	
	水深高度（cm）	
	80 以内	80 以上
基价（元）	100	140
其中 人工费（元）	100.00	140.00
其中 材料费（元）	—	—
其中 机械费（元）	—	—

名称	单位	单价（元）	消耗量	
人工 一类人工	工日	40.00	2.500	3.500

注　每株带 2～3 节藕。

(31)

工作内容：搬运、挖穴栽植、整形清理。　　　计量单位：100 株（丛）

定额编号	1-150	1-151	1-152	1-153
项目	栽植水生植物（浮叶植物）			
	每平方米种植密度			
	3 株以下		3 株以上	
	水深 50cm 以内	水深 50cm 以上	水深 50cm 以内	水深 50cm 以上
基价（元）	34	68	28	57
其中 人工费（元）	34.00	68.00	28.22	56.78
其中 材料费（元）	—	—	—	—
其中 机械费（元）	—	—	—	—

名称	单位	单价（元）	消耗量			
人工 一类人工	工日	40.00	0.850	1.700	0.706	1.420

(32)

工作内容：搬运、栽植、整形清理。 计量单位：100m²

定额编号		1-154	1-155	1-156
项目		栽植水生植物（漂浮植物）		
		种植覆盖率（%）		
		50 以下	50～70	70 以上
基价（元）		14	17	20
其中	人工费（元）	13.60	17.00	20.40
	材料费（元）	—	—	—
	机械费（元）	—	—	—

名称	单位	单价（元）	消耗量		
人工 一类人工	工日	40.00	0.340	0.425	0.510

注 漂浮植物种植面积指分割后种植水面面积，覆盖率指施工时的覆盖率，水面分割材料另计。

(33)

三、大树迁移

工作内容：起挖、修剪、土球包扎、枝干整理、装车出穴、回土填穴等。

计量单位：株

定额编号		1-157	1-158	1-159	1-160
项目		大树起挖（带土球）			
		土球直径（cm）			
		180 以内	200 以内	240 以内	280 以内
基价（元）		544	706	1000	1305
其中	人工费（元）	233.04	321.40	468.01	650.80
	材料费（元）	77.03	99.04	126.57	165.09
	机械费（元）	234.33	285.10	405.19	489.16

	名称	单位	单价（元）	消耗量			
人工	一类人工	工日	40.00	5.826	8.035	11.700	16.270
材料	草绳	kg	1.08	70.000	90.000	115.000	150.000
	其他材料费	元	1.00	1.430	1.840	2.370	3.090
机械	汽车式起重机 20t	台班	976.37	0.240	0.292	0.415	0.501

注 大树的场内外运输费另计。

(34)

工作内容：起挖、修剪、土球包扎、枝干整理、装车出穴、回土填穴等。

计量单位：株

定额编号			1-161	1-162	1-163	1-164
项目			大树起挖（裸根）			
			胸径（cm）			
			30 以内	35 以内	40 以内	45 以内
基价（元）			247	354	452	545
其中	人工费（元）		104.65	158.85	204.10	269.62
	材料费（元）		19.80	23.11	26.42	29.71
	机械费（元）		122.78	171.65	221.13	245.57
名称	单位	单价（元）	消耗量			
人工	一类人工	工日	40.00	2.616	3.971	5.103	6.741
材料	草绳	kg	1.08	18.000	21.000	24.000	27.000
	其他材料费	元	1.00	0.360	0.430	0.500	0.550
机械	汽车式起重机12t	台班	610.86	0.201	0.281	0.362	0.402

注　大树的场内外运输费另计。

(35)

工作内容：运输。

计量单位：株

定额编号			1-165	1-166	1-167	1-168
项目			大树迁移机械运输（带土球）			
			土球直径（cm）			
			180 以内	200 以内	240 以内	280 以内
基价（元）			194	238	313	373
其中	人工费（元）		50.00	62.00	74.00	86.00
	材料费（元）		—	—	—	—
	机械费（元）		143.65	175.57	239.42	287.30
名称	单位	单价（元）	消耗量			
人工	一类人工	工日	40.00	1.250	1.550	1.850	2.150
机械	载重汽车20t	台班	798.06	0.180	0.220	0.300	0.360

注　1. 运距按 10km 以内计。

　　2. 适用于场内外运输。

(36)

工作内容：运输。 计量单位：株

定额编号			1-169	1-170	1-171	1-172
项目			大树迁移机械运输（裸根）			
			胸径（cm）			
			30 以内	35 以内	40 以内	45 以内
基价（元）			130	142	234	246
其中	人工费（元）		50.00	62.00	74.00	86.00
	材料费（元）		—	—	—	—
	机械费（元）		79.81	79.81	159.61	159.61
	名称	单位	单价（元）	消耗量		
人工	一类人工	工日	40.00	1.250	1.550	1.850	2.150
机械	载重汽车20t	台班	798.06	0.100	0.100	0.200	0.200

注 1. 运距按 10km 以内计。
　　2. 适用于场内外运输。

(37)

工作内容：挖穴施肥、就位、吊卸落穴、扶正回土、筑水围堰、浇水、清理等。

计量单位：株

定额编号			1-173	1-174	1-175	1-176
项目			大树栽植（带土球）			
			土球直径（cm）			
			180 以内	200 以内	240 以内	280 以内
基价（元）			389	535	712	833
其中	人工费（元）		92.04	123.22	186.22	246.09
	材料费（元）		21.49	25.90	30.31	36.08
	机械费（元）		275.91	385.69	495.47	550.85
	名称	单位	单价（元）	消耗量		
人工	一类人工	工日	40.00	2.301	3.080	4.655	6.152
材料	镀锌铁丝8#	kg	4.80	2.000	2.300	2.600	3.000
	橡胶管 D25	m	5.96	1.500	1.800	2.100	2.400
	水	m³	2.95	1.000	1.400	1.800	2.500
	种植土	m³	—	(4.630)	(5.770)	(9.550)	(11.600)
机械	汽车式起重机20t	台班	976.37	0.104	0.145	0.186	0.207
	载重汽车15t	台班	726.54	0.240	0.336	0.432	0.480

注 本定额按原土回填考虑，如用种植土回填，种植土消耗量按括号内数量计算，种植土的场内运输另计。

(38)

工作内容：挖穴施肥、就位、吊卸落穴、扶正回土、筑水围堰、浇水、清理等。

计量单位：株

定额编号			1-177	1-178	1-179	1-180
项目			大树栽植（裸根）			
			胸径（cm）			
			30以内	35以内	40以内	45以内
基价（元）			217	310	420	498
其中	人工费（元）		70.04	112.44	146.24	194.86
	材料费（元）		27.11	29.78	59.36	64.42
	机械费（元）		119.57	167.62	214.68	238.52
名称		单位	单价（元）	消耗量		
人工	一类人工	工日	40.00	1.751	2.811	3.656	4.871
材料	混凝土桩100×100×3500	根	15.84	1.000	1.000	2.000	2.000
	镀锌铁丝8#	kg	4.80	0.050	0.050	0.050	0.050
	橡胶管D25	m	5.96	1.000	1.200	2.800	3.200
	麻绳	kg	6.05	0.350	0.400	0.900	1.000
	水	m³	2.95	1.000	1.400	1.800	2.500
	种植土	m³	—	(3.120)	(5.520)	(7.390)	(10.190)
机械	汽车式起重机12t	台班	610.86	0.080	0.112	0.143	0.159
	载重汽车8t	台班	380.09	0.186	0.261	0.335	0.372

注 本定额按原土回填考虑，如用种植土回填，种植土消耗量按括号内数量计算，种植土的场内运输另计。

（39）

工作内容：降低树尾、砍伐截干、清理场地。

计量单位：株

定额编号			1-181	1-182	1-183	1-184
项目			大树砍伐			
			胸径（cm）			
			20以内	30以内	40以内	60以内
基价（元）			52	119	228	553
其中	人工费（元）		35.74	53.62	80.44	120.63
	材料费（元）		—	—	—	—
	机械费（元）		16.49	65.27	147.09	432.65
名称		单位	单价（元）	消耗量		
人工	一类人工	工日	40.00	0.893	1.340	2.011	3.016
机械	高空修剪车13m	台班	378.12	—	0.108	0.216	—
	高空修剪车20m	台班	563.84	—	—	—	0.421
	汽车式起重机12t	台班	610.86	0.027	0.040	—	—
	汽车式起重机20t	台班	976.37	—	—	0.067	0.200

注 运输费另计。

（40）

四、支撑、卷杆、遮阴棚

工作内容：制桩运桩、打桩绑扎。　　　　　　　　计量单位：10 株

定额编号			1-185	1-186	1-187	1-188	1-189	1-190
项目			树棍桩					
			铅丝吊桩	短单桩	长单桩	扁担桩	三脚桩	四脚桩
基价（元）			222	46	73	125	125	307
其中	人工费（元）		19.04	5.44	10.88	16.32	16.32	21.76
	材料费（元）		203.00	40.40	62.40	108.80	108.80	284.80
	机械费（元）		—	—	—	—	—	—
名称	单位	单价（元）	消耗量					
人工	一类人工 工日	40.00	0.476	0.136	0.272	0.408	0.408	0.544
材料	树棍长2.2m 根	5.50	—	—	10.000	—	—	50.000
	树棍长1.2m 根	3.30	—	10.000	—	30.000	30.000	—
	镀锌铁丝8# kg	4.80	10.000	—	—	—	—	—
	镀锌铁丝12# kg	4.80	—	0.500	0.500	1.000	1.000	1.000
	木桩 个	5.00	30.000	—	—	—	—	—
	其他材料费 元	1.00	5.000	5.000	5.000	5.000	5.000	5.000

（41）

工作内容：制桩运桩、打桩绑扎。　　　　　　　　计量单位：10 株

定额编号			1-191	1-192	1-193	1-194	1-195	1-196
项目			毛竹桩					预制混凝土长单桩
			短单桩	长单桩	扁担桩	三脚桩	四脚桩	
基价（元）			151	181	437	431	855	167
其中	人工费（元）		5.44	10.88	16.32	16.32	24.48	40.80
	材料费（元）		145.15	170.15	420.30	415.15	830.45	125.80
	机械费（元）		—	—	—	—	—	—
名称	单位	单价（元）	消耗量					
人工	一类人工 工日	40.00	0.136	0.272	0.408	0.408	0.612	1.020
材料	绑扎绳 kg	1.03	5.000	5.000	10.000	5.000	15.000	—
	竹梢2.2m 根	16.00	—	10.000	—	—	—	—
	竹梢1.2m 根	13.50	10.000	—	30.000	30.000	60.000	—
	预制混凝土桩100×120×2200 根	11.95	—	—	—	—	—	10.000
	其他材料费 元	1.00	5.000	5.000	5.000	5.000	5.000	6.300

（42）

工作内容：搬运、绕杆、余料清理。　　　　　　　计量单位：10m

定额编号			1-197	1-198	1-199	1-200	1-201
项目			草绳绕树杆				
			胸径（cm）				
			5以内	10以内	15以内	20以内	25以内
基价（元）			15	24	33	45	57
其中	人工费（元）		8.16	10.88	13.60	19.04	24.48
	材料费（元）		6.48	12.96	19.44	25.92	32.40
	机械费（元）		—	—	—	—	—
名称	单位	单价（元）	消耗量				
人工 一类人工	工日	40.00	0.204	0.272	0.340	0.476	0.612
材料 草绳	kg	1.08	6.000	12.000	18.000	24.000	30.000

（43）

工作内容：搬运、绕杆、余料清理。　　　　　　　计量单位：10m

定额编号			1-202	1-203	1-204	1-205
项目			草绳绕树杆			
			胸径（cm）			
			30以内	35以内	40以内	45以内
基价（元）			69	78	89	100
其中	人工费（元）		29.92	32.24	37.20	42.16
	材料费（元）		38.88	45.36	51.84	58.32
	机械费（元）		—	—	—	—
名称	单位	单价（元）	消耗量			
人工 一类人工	工日	40.00	0.748	0.806	0.930	1.054
材料 草绳	kg	1.08	36.000	42.000	48.000	54.000

（44）

工作内容：搭拆遮阴棚架，拆除后材料厂内堆放。　　计量单位：10m²

定额编号			1-206	1-207	1-208
项目			遮阴棚搭设		
			遮阴棚高度（m）		
			1以内	3以内	5以内
基价（元）			67	73	37
其中	人工费（元）		8.50	14.52	21.25
	材料费（元）		58.84	58.84	15.64
	机械费（元）		—	—	—
名称	单位	单价（元）	消耗量		
人工	一类人工 工日	40.00	0.213	0.363	0.531
材料	毛竹	根	13.50	3.200	3.200	—
	镀锌铁丝18#	kg	4.80	1.070	1.070	1.070
	遮阴布	m²	1.00	10.500	10.500	10.500

注　遮阴棚高度在5m以上另计，5m以内子目按钢管搭设考虑，钢管及扣件另计。
　　双层遮阴布材料按实换算，人工乘以系数1.2。

(45)

五、地形改造

工作内容：就地取土、推土、夯实、修正。　　计量单位：10m²

定额编号			1-209
项目			地形改造
			机械造坡
基价（元）			63
其中	人工费（元）		15.00
	材料费（元）		—
	机械费（元）		48.32
名称	单位	单价（元）	消耗量
人工	一类人工	工日	40.00	0.375
材料	履带式推土机90kW	台班	705.64	0.068
	电动夯实机20~62kg·m	台班	21.79	0.016

注　1. 土方如需购买，材料费需另计。
　　2. 地形改造子目适用于竖向高差在0.3~1m之间的项目。

(46)

六、绿地整理、滤水层及人工换土

工作内容：
1. 厚度在30cm以内的找平、松翻、整平；
2. 挖土、抛土或装筐。

定额编号	1-210	1-211
项目	绿地平整	垃圾深埋
	10m²	10m³
基价（元）	15	83
其中 人工费（元）	15.23	82.96
其中 材料费（元）	—	—
其中 机械费（元）	—	—

名称	单位	单价（元）	消耗量	
人工 一类人工	工日	40.00	0.381	2.074

注　垃圾埋深定额按2m以内考虑，如埋深超过2m，按实调整。

（47）

工作内容：回填粒料、找平、铺设土工布、放置排阻隔板。

定额编号	1-212	1-213	1-214
项目	种植土滤水层		
	陶料	排水阻隔板	铺设土工布
	m³	10m²	
基价（元）	364	864	130
其中 人工费（元）	6.80	17.00	34.00
其中 材料费（元）	357.00	847.00	95.75
其中 机械费（元）	—	—	—

名称	单位	单价（元）	消耗量		
人工 一类人工	工日	40.00	0.170	0.425	0.850
材料 陶粒	m³	340.00	1.050	—	—
材料 排水阻隔板	m²	77.00	—	11.000	—
材料 土工布 1.2m×1.5m	m²	8.25	—	—	11.150
材料 其他材料费	元	1.00	—	—	3.763

注　陶粒子目按滤水层的粒料品种不同，材料进行换算，其他不变。

（48）

工作内容：装土、运土（运距50m以内）到穴边。　　　　　计量单位：10株

定额编号			1-215	1-216	1-217	1-218	1-219	1-220
项目			人工换土					
			土球直径（cm）					
			20以内	30以内	40以上	50以内	60以内	70以上
基价（元）			8	20	33	42	81	109
其中	人工费（元）		3.40	13.60	17.00	19.04	38.08	51.68
	材料费（元）		4.10	6.15	16.40	22.55	43.05	57.40
	机械费（元）		—	—	—	—	—	—
名称	单位	单价（元）	消耗量					
人工	一类人工	工日	40.00	0.085	0.340	0.425	0.476	0.952	1.292
材料	种植土	m³	20.50	0.200	0.300	0.800	1.100	2.100	2.800

（49）

工作内容：装土、运土（运距50m以内）到穴边。　　　　　计量单位：10株

定额编号			1-221	1-222	1-223	1-224
项目			人工换土			
			土球直径（cm）			
			80以内	100以内	120以内	140以内
基价（元）			187	248	336	447
其中	人工费（元）		84.32	116.96	157.76	209.44
	材料费（元）		102.50	131.20	178.35	237.80
	机械费（元）		—	—	—	—
名称	单位	单价（元）	消耗量			
人工	一类人工	工日	40.00	2.108	2.924	3.944	5.236
材料	种植土	m³	20.50	5.000	6.400	8.700	11.600

（50）

工作内容：装土、运土（运距 50m 以内）到穴边。　　　计量单位：10 株

定额编号			1-225	1-226	1-227	1-228	1-229	1-230
项目			人工换土（裸根乔木）					
			胸径（cm）					
			4以内	6以内	8以上	10以内	12以内	14以上
基价（元）			15	27	45	78	119	179
其中	人工费（元）		6.80	10.20	16.32	27.20	40.80	62.56
	材料费（元）		8.20	16.40	28.70	51.25	77.90	116.85
	机械费（元）		—	—	—	—	—	—
名称	单位	单价（元）	消耗量					
人工	一类人工	工日	40.00	0.170	0.255	0.408	0.680	1.020	1.564
材料	种植土	m³	20.50	0.400	0.800	1.400	2.500	3.800	5.700

（51）

工作内容：装土、运土（运距 50m 以内）到穴边。　　　计量单位：10 株

定额编号			1-231	1-232	1-233	1-234
项目			人工换土（裸根乔木）			
			胸径（cm）			
			16以内	18以内	20以内	24以内
基价（元）			251	338	441	636
其中	人工费（元）		87.04	116.96	152.32	220.32
	材料费（元）		164.00	221.40	289.05	416.15
	机械费（元）		—	—	—	—
名称	单位	单价（元）	消耗量			
人工	一类人工	工日	40.00	2.176	2.924	3.808	5.508
材料	种植土	m³	20.50	8.000	10.800	14.100	20.300

（52）

工作内容：装土、运土（运距 50m 以内）到穴边。　　　　计量单位：10 株

定额编号				1-235	1-236	1-237	1-238
项目				人工换土（裸根灌木）			
				苗木高（cm）			
				100 以内	150 以内	200 以内	250 以内
基价（元）				8	15	27	46
其中	人工费（元）			3.40	6.80	10.20	17.00
	材料费（元）			4.10	8.20	16.40	28.70
	机械费（元）			—	—	—	—
名称		单位	单价（元）	消耗量			
人工	一类人工	工日	40.00	0.085	0.170	0.255	0.425
材料	种植土	m³	20.50	0.200	0.400	0.800	1.400

（53）

七、绿地养护

工作内容：中耕施肥、整地除草、修剪剥芽、防病除害、树桩绑扎、加土扶正、清除枯枝、环境清理、灌溉排水等。　　　　计量单位：10 株

定额编号				1-239	1-240	1-241	1-242	1-243	1-244
项目				常绿乔木					
				胸径（cm）					
				5 以内	10 以内	20 以内	30 以内	40 以内	40 以上
基价（元）				125	192	329	492	658	851
其中	人工费（元）			70.55	129.88	256.90	409.36	564.60	736.20
	材料费（元）			21.49	25.12	30.77	36.79	42.92	59.36
	机械费（元）			33.33	37.16	41.37	45.97	50.56	55.54
名称		单位	单价（元）	消耗量					
人工	一类人工	工日	40.00	1.764	3.247	6.423	10.234	14.115	18.405
材料	肥料	kg	0.29	6.457	6.880	7.200	8.000	8.800	9.680
	药剂	kg	30.00	0.571	0.635	0.706	0.784	0.863	0.948
	水	m³	2.95	0.496	0.990	2.079	3.168	4.285	8.712
	其他材料费	元	1.00	1.00	1.150	1.370	1.600	1.840	2.410
机械	洒水汽车 4000L	台班	383.06	0.087	0.097	0.108	0.120	0.132	0.145

（54）

工作内容：中耕施肥、整地除草、修剪剥芽、防病除害、树桩绑扎、加土扶正、
清除枯枝、环境清理、灌溉排水等。　　　　计量单位：10株

定额编号			1-245	1-246	1-247	1-248	1-249	1-250
项目			落叶乔木					
			胸径（cm）					
			5以内	10以内	20以内	30以内	40以内	40以上
基价（元）			140	213	363	542	724	937
其中	人工费（元）		78.61	142.87	282.61	450.26	621.04	815.15
	材料费（元）		22.87	26.58	31.71	37.83	43.55	57.35
	机械费（元）		38.69	43.29	48.27	53.63	58.99	64.74
名称	单位	单价（元）	消耗量					
人工	一类人工	工日	40.00	1.965	3.572	7.065	11.257	15.526	20.379
材料	肥料	kg	0.29	6.998	7.776	8.640	9.600	10.560	11.616
	药剂	kg	30.00	0.622	0.692	0.770	0.855	0.941	1.034
	水	m³	2.95	0.376	0.792	1.584	2.614	3.509	6.970
	其他材料费	元	1.00	1.070	1.230	1.430	1.680	1.910	2.400
机械	洒水汽车4000L	台班	383.06	0.101	0.113	0.126	0.140	0.154	0.169

（55）

工作内容：中耕施肥、整地除草、修剪剥芽、防病除害、树桩绑扎、加土扶正、
清除枯枝、环境清理、灌溉排水等。　　　　计量单位：10株

定额编号			1-251	1-252	1-253	1-254	1-255
项目			常绿双排乔木				
			胸径（cm）				
			10以内	20以内	30以内	40以内	40以上
基价（元）			152	265	404	545	700
其中	人工费（元）		98.50	198.19	320.04	450.91	590.85
	材料费（元）		25.56	35.72	45.87	56.09	66.47
	机械费（元）		28.35	31.41	34.86	38.31	42.52
名称	单位	单价（元）	消耗量				
人工	一类人工	工日	40.00	2.462	4.955	8.001	11.273	14.771
材料	肥料	kg	0.29	5.184	5.760	6.400	7.040	7.744
	药剂	kg	30.00	0.520	0.578	0.641	0.706	0.776
	水	m³	2.95	2.495	5.174	7.788	10.402	13.014
	其他材料费	元	1.00	1.100	1.450	1.810	2.180	2.550
机械	洒水汽车4000L	台班	383.06	0.074	0.082	0.091	0.100	0.111

（56）

工作内容：中耕施肥、整地除草、修剪剥芽、防病除害、树桩绑扎、加土扶正、
　　　　　清除枯枝、环境清理、灌溉排水等。　　　计量单位：10 株

定额编号			1-256	1-257	1-258	1-259	1-260
项目			落叶双排乔木				
			胸径（cm）				
			10 以内	20 以内	30 以内	40 以内	40 以上
基价（元）			215	288	434	586	759
其中	人工费（元）		156.78	218.01	352.04	490.82	649.94
	材料费（元）		25.61	33.67	42.05	50.72	59.88
	机械费（元）		32.56	36.77	40.22	44.82	49.41
	名称	单位	单价（元）	消耗量			
人工	一类人工	工日	40.00	3.919	5.450	8.801	12.271	16.249
材料	肥料	kg	0.29	6.480	7.200	8.000	8.800	9.680
	药剂	kg	30.00	0.578	0.641	0.713	0.784	0.863
	水	m³	2.95	1.783	3.704	5.629	7.659	9.761
	其他材料费	元	1.00	1.130	1.430	1.730	2.050	2.390
机械	洒水汽车 4000L	台班	383.06	0.085	0.096	0.105	0.117	0.129

（57）

工作内容：中耕施肥、整地除草、修剪剥芽、防病除害、树桩绑扎、加土扶正、
　　　　　清除枯枝、环境清理、灌溉排水等。　　　计量单位：10 株

定额编号			1-261	1-262	1-263	1-264	1-265
项目			常绿双排以上乔木				
			胸径（cm）				
			10 以内	20 以内	30 以内	40 以内	40 以上
基价（元）			117	204	308	416	539
其中	人工费（元）		75.18	151.34	244.32	342.01	451.11
	材料费（元）		20.28	27.79	36.11	43.90	54.89
	机械费（元）		21.83	24.52	27.20	29.88	32.56
	名称	单位	单价（元）	消耗量			
人工	一类人工	工日	40.00	1.879	3.783	6.108	8.550	11.278
材料	肥料	kg	0.29	3.888	4.320	4.800	5.280	5.808
	药剂	kg	30.00	0.434	0.482	0.535	0.588	0.647
	水	m³	2.95	1.782	3.704	5.841	7.801	9.761
	其他材料费	元	1.00	0.880	1.150	1.440	1.720	5.000
机械	洒水汽车 4000L	台班	383.06	0.057	0.064	0.071	0.078	0.085

（58）

工作内容：中耕施肥、整地除草、修剪剥芽、防病除害、树桩绑扎、加土扶正、清除枯枝、环境清理、灌溉排水等。　　　　计量单位：10 株

定额编号			1－266	1－267	1－268	1－269	1－270
项目			落叶双排以上乔木				
			胸径（cm）				
			10 以内	20 以内	30 以内	40 以内	40 以上
基价（元）			130	224	336	452	592
其中	人工费（元）		81.09	166.43	268.80	374.78	504.08
	材料费（元）		20.67	26.09	32.36	38.43	45.29
	机械费（元）		28.35	31.41	34.86	38.31	42.52
名称	单位	单价（元）	消耗量				
人工	一类人工	工日	40.00	2.027	4.161	6.720	9.370	12.602
材料	肥料	kg	0.29	5.184	5.760	6.400	7.040	7.744
	药剂	kg	30.00	0.491	0.545	0.606	0.667	0.734
	水	m³	2.95	1.188	2.352	3.717	5.012	6.501
	其他材料费	元	1.00	0.930	1.130	1.360	1.590	1.850
机械	洒水汽车 4000L	台班	383.06	0.074	0.082	0.091	0.100	0.111

(59)

工作内容：中耕施肥、整地除草、修剪剥芽、防病除害、树桩绑扎、加土扶正、清除枯枝、环境清理、灌溉排水等。　　　　计量单位：10 株

定额编号			1－271	1－272	1－273	1－274	1－275	1－276	1－277
项目			灌木						
			胸径（cm）						
			30 以内	50 以内	100 以内	150 以内	200 以内	250 以内	250 以上
基价（元）			13	14	21	31	47	71	106
其中	人工费（元）		4.63	4.87	7.31	10.96	16.45	24.67	37.01
	材料费（元）		3.83	4.03	6.05	9.07	13.60	20.41	30.61
	机械费（元）		4.79	5.06	7.58	11.38	17.08	25.63	38.46
名称	单位	单价（元）	消耗量						
人工	一类人工	工日	40.00	0.116	0.122	0.183	0.274	0.411	0.617	0.925
材料	肥料	kg	0.29	0.525	0.553	0.829	1.244	1.836	2.754	4.131
	药剂	kg	30.00	0.053	0.056	0.084	0.126	0.189	0.284	0.426
	水	m³	2.95	0.656	0.690	1.036	1.553	2.330	3.495	5.243
	其他材料费	元	1.00	0.144	0.152	0.228	0.342	0.512	0.769	1.153
机械	洒水汽车 4000L	台班	383.06	0.013	0.013	0.020	0.030	0.045	0.067	0.100

(60)

工作内容：中耕施肥、整地除草、修剪整枝、防病除害、加土扶正、清除枯枝、
环境清理、灌溉排水等。　　　　　计量单位：10m²

定额编号			1-278	
项目			片植灌木	
基价（元）			71	
其中	人工费（元）		29.52	
	材料费（元）		18.33	
	机械费（元）		22.98	
名称	单位	单价（元）	消耗量	
人工	一类人工	工日	40.00	0.738
材料	肥料	kg	0.29	2.513
	药剂	kg	30.00	0.255
	水	m³	2.95	3.138
	其他材料费	元	1.00	0.690
机械	洒水汽车4000L	台班	383.06	0.060

（61）

工作内容：中耕施肥、整地除草、修剪剥芽、防病除害、树桩绑扎、加土扶正、
清除枯枝、环境清理、灌溉排水等。　　　　　计量单位：10m

定额编号			1-279	1-280	1-281	1-282	1-283
项目			单排绿篱				
			高度（cm）				
			50以内	100以内	150以内	200以内	200以上
基价（元）			14	16	19	23	31
其中	人工费（元）		5.92	6.56	7.28	8.02	8.81
	材料费（元）		2.70	3.79	5.22	8.46	15.31
	机械费（元）		4.98	5.36	6.13	6.51	7.28
名称	单位	单价（元）	消耗量				
人工	一类人工	工日	40.00	0.148	0.164	0.182	0.201	0.220
材料	肥料	kg	0.29	1.675	1.861	2.068	2.275	2.502
	药剂	kg	30.00	0.041	0.045	0.050	0.055	0.061
	水	m³	2.95	0.297	0.594	0.990	1.980	4.144
	其他材料费	元	1.00	0.110	0.150	0.200	0.310	0.530
机械	洒水汽车4000L	台班	383.06	0.013	0.014	0.016	0.017	0.019

（62）

工作内容：中耕施肥、整地除草、修剪剥芽、防病除害、树桩绑扎、加土扶正、清除枯枝、环境清理、灌溉排水等。　计量单位：10m

定额编号			1-284	1-285	1-286	1-287	1-288
项目			双排绿篱				
			高度（cm）				
			50以内	100以内	150以内	200以内	200以上
基价（元）			19	22	27	34	47
其中	人工费（元）		8.81	9.79	10.88	11.97	13.33
	材料费（元）		3.71	5.15	7.96	13.70	24.51
	机械费（元）		6.51	7.28	8.04	8.81	9.58
名称	单位	单价（元）	消耗量				
人工	一类人工	工日	40.00	0.220	0.245	0.272	0.299	0.333
材料	肥料	kg	0.29	2.513	2.790	3.100	3.410	3.750
	药剂	kg	30.00	0.055	0.060	0.070	0.080	0.080
	水	m³	2.95	0.396	0.790	1.580	3.330	6.840
	其他材料费	元	1.00	0.160	0.210	0.300	0.490	0.840
机械	洒水汽车4000L	台班	383.06	0.017	0.019	0.021	0.023	0.025

（63）

工作内容：中耕施肥、整地除草、修剪剥芽、防病除害、树桩绑扎、加土扶正、清除枯枝、环境清理、灌溉排水等。　计量单位：10m

定额编号			1-289	1-290	1-291	1-292	1-293
项目			三排绿篱				
			高度（cm）				
			50以内	100以内	150以内	200以内	200以上
基价（元）			27	31	37	46	63
其中	人工费（元）		11.84	13.12	14.56	16.08	17.60
	材料费（元）		5.40	7.58	10.44	16.92	30.62
	机械费（元）		9.96	10.73	12.26	13.02	14.56
名称	单位	单价（元）	消耗量				
人工	一类人工	工日	40.00	0.296	0.328	0.364	0.402	0.440
材料	肥料	kg	0.29	3.350	3.722	4.136	4.550	5.004
	药剂	kg	30.00	0.082	0.090	0.100	0.110	0.122
	水	m³	2.95	0.594	1.188	1.980	3.960	8.288
	其他材料费	元	1.00	0.220	0.300	0.400	0.620	1.060
机械	洒水汽车4000L	台班	383.06	0.026	0.028	0.032	0.034	0.038

（64）

工作内容：中耕施肥、整地除草、修剪剥芽、防病除害、树桩绑扎、加土扶正、
清除枯枝、环境清理、灌溉排水等。　　计量单位：10 株（丛）

定额编号			1-294
项目			竹类（散生竹、丛生竹）
基价（元）			17
其中	人工费（元）		10.00
	材料费（元）		2.95
	机械费（元）		3.83
名称	单位	单价（元）	消耗量
人工	一类人工	工日	40.00	0.250
材料	水	m³	2.95	1.000
机械	洒水汽车 4000L	台班	383.06	0.010

(65)

工作内容：中耕施肥、整地除草、修剪剥芽、防病除害、树桩绑扎、加土扶正、
清除枯枝、环境清理、灌溉排水等。　　　　　　计量单位：10 株

定额编号			1-295	1-296	1-297	1-298	1-299
项目			球形植物				
			蓬径（cm）				
			60 以内	100 以内	150 以内	200 以内	250 以内
基价（元）			50	82	113	166	231
其中	人工费（元）		20.00	28.76	54.10	98.70	157.25
	材料费（元）		13.00	23.95	26.32	30.26	33.18
	机械费（元）		17.24	29.50	32.94	36.77	40.22
名称	单位	单价（元）	消耗量				
人工	一类人工	工日	40.00	0.500	0.719	1.352	2.468	3.931
材料	肥料	kg	0.29	3.400	5.832	6.480	7.200	8.000
	药剂	kg	30.00	0.323	0.623	0.692	0.770	0.855
	水	m³	2.95	0.544	0.837	0.837	1.250	1.250
	其他材料费	元	1.00	0.715	1.100	1.210	1.380	1.520
机械	洒水汽车 4000L	台班	383.06	0.045	0.077	0.086	0.096	0.105

(66)

工作内容：中耕施肥、整地除草、修剪剥芽、防病除害、树桩绑扎、加土扶正、清除枯枝、环境清理、灌溉排水等。　　　　　　计量单位：10株

定额编号	1-300	1-301	1-302
项目	球形植物		
	蓬径（cm）		
	300以内	350以内	350以上
基价（元）	298	384	496
其中 人工费（元）	216.07	294.00	395.15
材料费（元）	37.41	40.61	46.81
机械费（元）	44.82	49.41	53.63

名称	单位	单价（元）	消耗量		
人工 一类人工	工日	40.00	5.402	7.350	9.879
材料 肥料	kg	0.29	8.800	9.680	10.648
药剂	kg	30.00	0.941	1.034	1.138
水	m³	2.95	1.671	1.671	2.532
其他材料费	元	1.00	1.700	1.850	2.110
机械 洒水汽车4000L	台班	383.06	0.117	0.129	0.140

工作内容：中耕施肥、整地除草、防病除害、清除枯叶、环境清理、灌溉排水等。　　　　　　计量单位：10m²

定额编号	1-303
项目	草本花卉
基价（元）	51
其中 人工费（元）	30.33
材料费（元）	12.40
机械费（元）	8.04

名称	单位	单价（元）	消耗量
人工 一类人工	工日	40.00	0.758
材料 肥料	kg	0.29	5.025
药剂	kg	30.00	0.062
水	m³	2.95	2.928
其他材料费	元	1.00	0.450
机械 洒水汽车4000L	台班	383.06	0.021

注　不包括换花的费用。

（67）　　　　　　　　　　　　（68）

工作内容：中耕施肥、整地除草、修剪剥芽、防病除害、树桩绑扎、加土扶正、
　　　　　清除枯枝、环境清理、灌溉排水等。　　　　　计量单位：10株

定额编号	1-304	1-305
项目	攀缘植物	
	生长年数	
	3年内	3年以上
基价（元）	49	63
其中 人工费（元）	10.95	19.65
材料费（元）	16.57	18.49
机械费（元）	21.83	24.52

名称	单位	单价（元）	消耗量	
人工 一类人工	工日	40.00	0.274	0.491
材料 肥料	kg	0.29	3.240	3.600
药剂	kg	30.00	0.462	0.513
水	m³	2.95	0.338	0.405
其他材料费	元	1.00	0.770	0.860
机械 洒水汽车4000L	台班	383.06	0.057	0.064

工作内容：中耕施肥、整地除草、修剪、防病除害、清除枯枝、分株移植、灌
　　　　　溉排水、环境清理等。　　　　　计量单位：10m²

定额编号	1-306
项目	地被植物
基价（元）	49
其中 人工费（元）	20.40
材料费（元）	14.62
机械费（元）	13.79

名称	单位	单价（元）	消耗量
人工 一类人工	工日	40.00	0.510
材料 肥料	kg	0.29	2.513
药剂	kg	30.00	0.255
水	m³	2.95	1.883
其他材料费	元	1.00	0.690
机械 洒水汽车4000L	台班	383.06	0.036

工作内容：整地镇压、割草修边、草屑清除、挑除杂草、空秃补植、加土施肥、
灌溉排水、防病除害、环境清理等。 计量单位：10m²

定额编号			1-307	1-308	1-309	1-310
项目			暖地型草坪			
			播种	散播	满铺	直生带
基价（元）			38	38	34	20
其中	人工费（元）		25.12	22.60	17.31	10.40
	材料费（元）		5.26	5.35	5.26	3.79
	机械费（元）		7.66	9.58	11.49	6.13
名称		单位	单价（元）	消耗量		
人工	一类人工	工日	40.00	0.628	0.565	0.433	0.260
材料	肥料	kg	0.29	2.482	2.782	2.482	3.003
	药剂	kg	30.00	0.041	0.041	0.041	0.030
	水	m³	2.95	1.056	1.056	1.056	0.634
	其他材料费	元	1.00	0.200	0.200	0.200	0.150
机械	洒水汽车 4000L	台班	383.06	0.020	0.025	0.030	0.016

注 播种草坪，生长期超过6个月，视作散播。散播草坪，生长期超过6个月，视作满铺。

(71)

工作内容：整地镇压、割草修边、草屑清除、挑除杂草、空秃补植、加土施肥、
灌溉排水、防病除害、环境清理等。 计量单位：10m²

定额编号			1-311	1-312	1-313	1-314
项目			冷地型草坪			
			播种	散播	满播	直生带
基价（元）			64	59	63	97
其中	人工费（元）		48.38	43.59	39.20	23.53
	材料费（元）		6.69	6.69	6.69	4.25
	机械费（元）		8.43	9.19	16.85	6.90
名称		单位	单价（元）	消耗量		
人工	一类人工	工日	40.00	1.210	1.090	0.980	0.588
材料	肥料	kg	0.29	2.978	2.978	2.978	2.184
	药剂	kg	30.00	0.061	0.061	0.061	0.040
	水	m³	2.95	1.267	1.267	1.267	0.760
	其他材料费	元	1.00	0.260	0.260	0.260	0.170
机械	洒水汽车 4000L	台班	383.06	0.022	0.024	0.044	0.018

注 播种草坪，生长期超过6个月，视作散播。散播草坪，生长期超过6个月，视作满铺。

(72)

工作内容：整地镇压、割草修边、草屑清除、挑除杂草、空秃补植、加土施肥、灌溉排水、防病除害、环境清理等。 计量单位：10m²

定额编号			1-315	1-316	1-317	1-318
项目			混合运动草坪			
			播种	散播	满播	直生带
基价（元）			61	59	57	34
其中	人工费（元）		44.00	39.58	35.63	21.39
	材料费（元）		7.15	7.15	7.15	4.49
	机械费（元）		9.58	12.26	14.56	8.04
名称		单位	单价（元）	消耗量		
人工	一类人工	工日	40.00	1.100	0.989	0.891	0.535
材料	肥料	kg	0.29	2.792	2.792	2.792	2.048
	药剂	kg	30.00	0.057	0.057	0.057	0.037
	水	m³	2.95	1.478	1.478	1.478	0.887
	其他材料费	元	1.00	0.270	0.270	0.270	0.170
机械	洒水汽车4000L	台班	383.06	0.025	0.032	0.038	0.021

注 播种草坪，生长期超过 6 个月，视作散播。散播草坪，生长期超过 6 个月，视作满铺。

第二章 园路、园桥、假山工程

说 明

一、本章定额包括堆砌假山、园路及园桥工程。园路包括垫层、面层，如遇缺项，可套用其他章相应定额子目，其合计工日乘以系数 1.10。园桥包括基础、桥台、桥墩、护坡、石桥面、木桥面等项目，如遇缺项，可套用其他章节相应定额，其合计工日乘系数 1.25。

二、每 10m² 冰梅数量在 250～300 块时，套用冰梅石板定额；每 10m² 冰梅数量在 250 块以内时，其人工、切割锯片乘以系数 0.9，每 10m² 冰梅数量在 300 块以上时，其人工、切割锯片乘以系数 1.15，其他不变。

三、花岗岩机割石板地面定额，其水泥砂浆结合层按 3cm 厚编制。

四、满铺卵石面的拼花是按单色卵石、粒径 4～6cm 编制的，设计分色或粒径不同时，应另行计算。水泥砂浆厚度按 2.5cm 编制。

五、铺卵石面层定额包括选、洗卵石和清扫、养护路面。

六、洗米石地面为素水泥浆粘结，若洗米石为环氧树脂粘结应另行计算。

七、斜坡（礓磋）已包括了土方、垫层及面层。如垫层、面层的材料品种、规格等设计与定额不同时，可以换算。

八、木栈道不包括木栈道龙骨，木栈道龙骨另列项目计算。木栈道柱、梁、桁条及临水面打桩可分别按其他章节相应定额项目执行。

九、堆砌假山包括湖石假山、黄石假山、塑造石山等，假山基础除注明者外，套用基础工程相应定额。

十、砖骨架塑假山，如设计要求做部分钢筋混凝土骨架时，应进行换算。钢骨架塑假山未包括基础、脚手架、主骨架表面防腐的工料费。

十一、湖石、黄石假山及布置景石是按人工操作、机械吊装考虑的。

十二、假山的基础和自然式驳岸下部的挡土墙，按基础工程相应定额项目执行。

工程量计算规则

一、园路垫层两边若做侧石，按设计图示尺寸以"m³"计算。两边若不做侧石，设计又未注明垫层宽度时，其宽度按设计园路面层图示尺寸，两边各放宽 5cm 计算。

二、园路面层按设计图示尺寸，"m²" 计算。

三、斜坡按水平投影面积计算。

四、路牙、树池围牙按 "m" 计算，树池盖板按 "m²" 计算。

五、木栈道按 "m²" 计算，木栈道龙骨按 "m³" 计算。

六、园桥毛石基础、桥台、桥墩、护坡按设计图示尺寸以 "m³" 计算。石桥面、木桥面按 "m²" 计算。

七、假山工程量按实际堆砌的假山石料以 "t" 计算，假山中铁件用量设计与定额不同时，按设计调整。

堆砌假山工程量(t) = 进料验收的数量 — 进料剩余数量

当没有进料验收的数量时，叠成后的假山可按下述方法计算：

1. 假山体积计算：

$$V_体 = A_矩 \times H_大$$

式中：$A_矩$——假山不规则平面轮廓的水平投影面积的最大外接矩形面积（m²）；

$H_大$——假山石着地点至最高顶点的垂直距离（m）；

$V_体$——叠成后的假山计算体积（m³）。

2. 假山重量计算：

$$W_重 = 2.6 \times V_体 \times K_n$$

式中：$W_重$——假山石重量（t）；

2.6——石料比重（t/m³），石料比重不同时按实际调整；

K_n——系数。当 $H_大 \leqslant 1m$ 时，K_n 取 0.77；当 $1m < H_大 \leqslant 2m$ 时，K_n 取 0.72；当 $2m < H_大 \leqslant 3m$ 时，K_n 取 0.65；当 $3m < H_大 \leqslant 4m$ 时，K_n 取 0.60。

3. 各种单体孤峰及散点石。按其单位石料体积（取单位长、宽、高各自的平均值乘积）乘以石料比重计算。

八、塑假石山的工程量按其外围表面积以 "m²" 计算。

九、堆砌土山丘按设计图示山丘水平投影外接矩形面积乘以高度的 1/3，以体积计算。

十、钢骨架制作、安装按 "t" 计算。

一、堆砌假山

1. 湖石、黄石假山堆砌

工作内容：放样、选石、运石，调、制、运混凝土（砂浆），堆砌、塞垫嵌缝、清理、养护。

计量单位：t

定额编号			2-1	2-2	2-3	2-4
项目			湖石假山			
			高度（m）			
			1 以内	2 以内	3 以内	4 以内
基价（元）			309	354	420	493
其中	人工费（元）		50.00	52.50	55.13	57.88
	材料费（元）		209.22	244.67	598.91	360.12
	机械费（元）		49.53	56.96	65.52	75.29
名称	单位	单价（元）	消耗量			
人工	二类人工	工日	43.00	1.163	1.221	1.282	1.346
材料	湖石	t	180.00	1.000	1.000	1.000	1.000
	现浇现拌混凝土 C15（16）	m³	200.08	0.060	0.080	0.080	0.100
	水泥砂浆 1：2.5	m³	210.26	0.040	0.050	0.050	0.050
	铁件	kg	5.81	—	5.000	10.000	15.000
	条石	m³	550.00	—	—	0.050	0.100
	块石 200～500	t	40.50	0.165	0.165	0.099	0.099
	水	m³	2.95	0.170	0.170	0.170	0.250
	其他材料费	元	1.00	1.620	1.920	2.280	2.700
机械	汽车式起重机 5t	台班	330.22	0.150	0.173	0.198	0.228

注 1. 假山工程量按假山石进料实砌数以 "t" 计算。

2. 如无条石时，可采用钢筋混凝土代替，数量与条石体积相同。

工作内容：放样、选石、运石，调、制、运混凝土（砂浆），堆砌、塞垫嵌缝、清理、养护。　　　　　　　　　　　　　计量单位：t

定额编号			2-5	2-6	2-7	2-8
项目			湖石假山			
			高度（m）			
			5以内	6以内	7以内	7以上
基价（元）			520	545	567	591
其中	人工费（元）		54.98	52.24	49.62	47.13
	材料费（元）		385.86	409.34	429.85	452.48
	机械费（元）		79.05	83.02	87.18	91.50
名称		单位	单价（元）	消耗量		
人工	二类人工	工日	43.00	1.279	1.215	1.154	1.096
材料	湖石	t	180.00	1.000	1.000	1.000	1.000
	现浇现拌混凝土C15（16）	m³	200.08	0.100	0.120	0.120	0.130
	水泥砂浆1:2.5	m³	210.26	0.050	0.050	0.050	0.050
	铁件	kg	5.81	17.500	20.000	22.500	25.000
	条石	m³	550.00	0.120	0.130	0.140	0.150
	块石200～500	t	40.50	0.085	0.080	0.075	0.070
	水	m³	2.95	0.350	0.040	0.040	0.043
	其他材料费	元	1.00	3.190	3.760	4.450	5.240
机械	汽车式起重机5t	台班	330.22	0.239	0.251	0.264	0.277

（77）

工作内容：放样、选石、运石，调、制、运混凝土（砂浆），堆砌、塞垫嵌缝、清理、养护。　　　　　　　　　　　　　计量单位：t

定额编号			2-9	2-10	2-11	2-12
项目			附壁湖石假山			
			高度（m）			
			1以内	2以内	3以内	4以内
基价（元）			384	447	551	655
其中	人工费（元）		136.66	175.66	253.66	331.66
	材料费（元）		246.54	270.54	296.35	322.19
	机械费（元）		0.33	0.33	0.66	0.66
名称		单位	单价（元）	消耗量		
人工	二类人工	工日	43.00	3.178	4.085	5.899	7.713
材料	湖石	t	180.00	1.100	1.100	1.100	1.100
	块石200～500	t	40.50	0.100	0.150	0.200	0.250
	碎石5～25	t³	49.00	0.110	0.110	0.140	0.175
	水泥32.5	kg	0.30	0.130	0.130	0.130	0.130
	黄砂（净砂）综合	t	62.50	0.605	0.605	0.605	0.605
	色粉	kg	1.20	0.500	0.500	0.500	0.500
	圆钉	kg	4.36	—	5.000	10.000	15.000
	其他材料费	元	1.00	0.648	0.821	1.339	1.642
机械	汽车式起重机5t	台班	330.22	0.001	0.001	0.002	0.002

（78）

工作内容：放样、选石、运石，调、制、运混凝土（砂浆），堆砌、塞垫嵌缝、
清理、养护。　　　　　　　　　　　　　　　　　　　计量单位：t

定额编号			2-13	2-14	2-15	2-16
项目			黄石假山			
			高度（m）			
			1以内	2以内	3以内	4以内
基价（元）			191	206	302	375
其中	人工费（元）		45.00	47.25	49.61	52.09
	材料费（元）		101.42	107.82	193.82	255.03
	机械费（元）		44.58	51.28	58.98	67.76
名称	单位	单价（元）	消耗量			
人工	二类人工	工日	43.00	1.046	1.099	1.154	1.211
材料	黄石	t	80.00	1.000	1.000	1.000	1.000
	现浇现拌混凝土C15（16）	t	200.08	0.060	0.080	0.080	0.100
	水泥砂浆1:2.5	t³	210.26	0.040	0.050	0.050	0.050
	铁件	kg	5.81	—	—	10.000	15.000
	条石	t	550.00	—	—	0.050	0.100
	水	kg	2.95	0.170	0.170	0.170	0.250
	其他材料费	元	1.00	0.500	0.800	1.200	1.620
机械	汽车式起重机5t	台班	330.22	0.135	0.155	0.179	0.205

(79)

工作内容：放样、选石、运石，调、制、运混凝土（砂浆），堆砌、塞垫嵌缝、
清理、养护。　　　　　　　　　　　　　　　　　　　计量单位：t

定额编号			2-17	2-18	2-19	2-20
项目			黄石假山			
			高度（m）			
			5以内	6以内	7以内	7以上
基价（元）			402	426	448	472
其中	人工费（元）		49.49	47.04	44.68	42.40
	材料费（元）		281.26	304.79	325.19	347.50
	机械费（元）		71.00	74.63	78.59	82.22
名称	单位	单价（元）	消耗量			
人工	二类人工	工日	43.00	1.151	1.094	1.039	0.986
材料	黄石	t	80.00	1.000	1.000	1.000	1.000
	现浇现拌混凝土C15（16）	m³	200.08	0.100	0.120	0.120	0.130
	水泥砂浆1:2.5	m³	210.26	0.050	0.050	0.050	0.050
	铁件	kg	5.81	17.500	20.000	22.500	25.000
	条石	m³	550.00	0.120	0.130	0.140	0.150
	水	m³	2.95	0.350	0.040	0.040	0.043
	其他材料费	元	1.00	2.030	2.450	2.820	3.100
机械	汽车式起重机5t	台班	330.22	0.215	0.226	0.238	0.249

(80)

2. 斧劈石堆砌

工作内容：放样、选石、运石，调、制、运混凝土（砂浆），堆砌、塞垫嵌缝、清理、养护。　　　　　　　　　　　　　　　计量单位：t

	定额编号		2-21	2-22	2-23
	项目		斧劈石假山		
			高度（m）		
			2以内	3以内	4以内
	基价（元）		453	526	637
其中	人工费（元）		156.00	195.01	273.01
	材料费（元）		296.42	330.37	363.40
	机械费（元）		0.33	0.66	0.66
	名称	单位	单价（元）	消耗量	
人工	二类人工	工日	43.00	3.628	4.535	6.349
材料	斧劈石	t	200.00	1.050	1.050	1.050
	块石200～500	t	40.50	0.200	0.250	0.300
	黄砂（净砂）综合	t	62.50	0.679	0.697	0.697
	碎石5～25	t	49.00	0.110	0.140	0.175
	铁件	kg	5.81	5.000	10.000	15.000
	色粉	kg	1.20	0.500	0.500	0.500
	其他材料费	元	1.00	0.842	1.123	1.361
机械	汽车式起重机5t	台班	330.22	0.001	0.002	0.002

（81）

3. 石峰、石笋堆砌

工作内容：放样、选石、运石，调、制、运混凝土（砂浆），堆砌、塞垫嵌缝、清理、养护。　　　　　　　　　　　　　　　计量单位：t

	定额编号		2-24	2-25	2-26	2-27	2-28	2-29
	项目		整块湖石峰	堆湖石峰		堆黄石峰		
			高度（m）					
			5以内	3以内	4以内	2以内	3以内	4以内
	基价（元）		1524	748	883	346	592	712
其中	人工费（元）		223.08	394.69	497.65	200.93	355.38	448.04
	材料费（元）		1282.22	336.84	365.01	136.91	221.72	245.00
	机械费（元）		18.49	16.51	20.80	8.26	14.86	18.49
	名称	单位	单价（元）	消耗量				
人工	二类人工	工日	43.00	5.188	9.179	11.573	4.673	8.265	10.420
材料	整块湖石峰	t	1200.00	1.000	—	—	—	—	—
	湖石	t	180.00	0.250	1.000	1.000	—	—	—
	黄石	t	80.00	—	—	—	1.000	1.000	1.000
	现浇现拌混凝土C15（16）	m³	200.08	0.100	0.150	0.150	0.080	0.080	0.050
	水泥砂浆1：2.5	m³	210.26	0.030	0.050	0.050	0.050	0.050	0.050
	铁件	kg	5.81	—	10.000	15.000	5.000	10.000	15.000
	条石	m³	550.00	—	0.100	0.100	—	0.100	0.100
	块石200～500	t	40.50	0.050	—	—	—	—	—
	水	m³	2.95	0.250	0.250	0.250	0.250	0.250	0.250
	其他材料费	元	1.00	8.140	2.480	1.600	0.600	1.360	1.600
机械	汽车式起重机5t	台班	330.22	0.056	0.050	0.063	0.025	0.045	0.056

（82）

工作内容：放样、选石、运石，调、制、运混凝土（砂浆），堆砌、塞垫嵌缝、清理、养护。

计量单位：t

定额编号			2-30	2-31	2-32
项目			石笋安装		
			高度（m）		
			2以内	3以内	4以内
基价（元）			176	266	403
其中	人工费（元）		60.06	90.09	165.17
	材料费（元）		112.86	171.41	230.38
	机械费（元）		2.97	4.29	7.93
名称		单位	单价（元）	消耗量	
人工	二类人工	工日	43.00	1.397	2.095	3.841
材料	石笋2000以内	根	100.00	1.000	—	—
	石笋3000以内	根	150.00	—	1.000	—
	石笋4000以内	根	200.00	—	—	1.000
	现浇现拌混凝土C15（40）	m³	183.25	0.040	0.080	0.100
	水泥砂浆1:2.5	m³	210.26	0.020	0.020	0.030
	水	m³	2.95	0.080	0.080	0.080
	其他材料费	元	1.00	1.088	2.309	5.509
机械	汽车式起重机5t	台班	330.22	0.009	0.013	0.024

（83）

4. 护岸、零星假山石堆砌

工作内容：放样、选石、运石，调、制、运混凝土（砂浆），堆砌、塞垫嵌缝、清理、养护。

计量单位：t

定额编号			2-33	2-34	2-35	2-36
项目			自然式护岸		布置景石	
			湖石	卵石	单件重量（t）	
					5以内	5以上
基价（元）			273	212	352	368
其中	人工费（元）		80.81	70.71	65.02	61.77
	材料费（元）		189.13	137.83	222.58	240.15
	机械费（元）		3.30	3.30	64.39	65.79
名称		单位	单价（元）	消耗量		
人工	二类人工	工日	43.00	1.879	1.644	1.512	1.436
材料	湖石	t	180.00	0.940	—	1.000	1.000
	园林用卵石200~400	t	128.00	—	1.000	—	—
	黄石	t	80.00	0.100	—	—	—
	水泥砂浆1:2.5	m³	210.26	0.050	0.040	0.050	0.050
	铁件	kg	5.81	—	—	5.000	8.000
	其他材料费	元	1.00	1.420	1.420	3.020	3.160
材料	汽车式起重机5t	台班	330.22	0.010	0.010	0.195	—
	汽车式起重机12t	台班	610.86	—	—	—	0.108

注 1. 自然式护岸，如用黄石砌筑，则湖石单价换算，数量不变。

2. 特大景石另行计算。

（84）

5. 塑假石山

续表

工作内容：放样划线、挖土方、浇运混凝土垫层、砌骨架，或焊接骨架、挂钢网、堆砌成型、制纹理。　　　　　　计量单位：10m²

定额编号	2-37	2-38	2-39	2-40	2-41	2-42
项目	砖骨架塑假山 高度（m） 2.5以内	6以内	10以内	钢骨架钢网塑假山 钢网塑假山	钢骨架制作安装 t	塑湖石假山
基价（元）	1087	1352	1540	1629	6223	544
其中 人工费（元）	561.61	741.33	856.78	915.90	1093.49	360.76
其中 材料费（元）	513.72	598.01	669.89	599.26	4467.85	183.25
其中 机械费（元）	11.23	12.22	12.88	113.44	661.46	—

名称	单位	单价（元）	消耗量 2-37	2-38	2-39	2-40	2-41	2-42
人工 二类人工	工日	43.00	13.061	17.240	19.925	21.300	25.430	8.390
材料 现浇现拌混凝土 C15(16)	m³	200.08	0.680	0.570	0.510			
混合砂浆 M7.5	m³	181.75	0.820	1.100	1.340			
混合砂浆 M5.0	m³	181.66	—	0.110	0.120			
水泥砂浆 1:2.5	m³	210.26	0.390	0.410	0.410			
水泥砂浆 1:2	m³	228.22	0.100	0.100	0.100	0.310		
标准砖 240×115×53	百块	35.00	1.540	2.310	2.740			

续表

名称	单位	单价（元）	消耗量 2-37	2-38	2-39	2-40	2-41	2-42
材料 预制混凝土板	m³	386.00	0.110	0.120	0.180	—		
水泥砂浆 1:1	m³	262.93	—	—	—	0.210		
圆钢 φ10以外	t	3850.00	—	—	—	0.070		
钢板网	m²	11.93	—	—	—	10.750		
电焊条结 E43	kg	5.40	—	—	—	1.310	38.450	
水泥32.5	kg	0.30	—	—	—	12.500		0.467
黄砂（净砂综合）	t	62.50	—	—	—	—		1.435
碎石5~25	t	49.00	—	—	—	—		0.089
碎石5~15	t	49.00	—	—	—	—		0.029
圆钉	kg	4.36	—	—	—	—		0.360
松板枋材	m³	1300.00	—	—	—	—	0.100	0.033
草袋	m²	5.29	—	—	—	—		3.000
水	m³	2.95	0.600	0.740	0.820	0.150		0.551
其他材料费	元	1.00	25.680	25.680	25.680	25.680	—	25.680
乙炔气	m³	17.90	—	—	—	—	2.500	—
薄钢板 δ0.7~0.9	kg	4.40	—	—	—	—	212.000	
角钢 63×63以内	kg	3.65	—	—	—	—	848.000	
普碳钢六角螺栓 M10×14	个	0.18	—	—	—	—	0.500	—

续表

工作内容：取土、运土、堆砌、夯实、修整。　　　　　　　　计量单位：10m³

名称		单位	单价（元）	消耗量					
材料	垫铁 100×200	kg	4.39	—	—	—	—	5.020	—
	氧气	m³	5.89	—	—	—	—	6.000	—
	氧化铬绿	kg	25.00	—	—	—	1.000	—	—
	石性颜料	kg	5.80	—	—	—	1.870		
	107胶	kg	2.30	—	—	—	1.200		
机械	汽车式起重机 5t	台班	330.22	0.034	0.037	0.039	—	—	—
	汽车式起重机 8t	台班	493.23	—	—	—	0.230	—	—
	汽车式起重机 12t	台班	610.86	—	—	—	—	0.265	—
	型钢剪断机 500	台班	89.33	—	—	—	—	0.020	—
	型钢校正机	台班	130.08	—	—	—	—	0.020	—
	交流弧焊机 32kV·A	台班	90.34	—	—	—	—	5.100	—
	电动空气压缩机 10m³/min	台班	430.74	—	—	—	—	0.080	—
	其他机械费	元	1.00	—	—	—	—	—	—

注 1. 砖骨架的塑假石山，如设计要求做部分钢筋混凝土骨架时，应进行换算，钢骨架塑假山未包括基础、脚手架的工料费。

　　2. 定额未包括石性颜料，如发生时材料另计，人工不变。

定额编号			2-43
项目			堆筑土山丘
基价（元）			595
其中	人工费（元）		595.15
	材料费（元）		—
	机械费（元）		—

名称		单位	单价（元）	消耗量
人工	二类人工	工日	43.00	13.841

注 取土、运土运距超过200m，另行计算。高差在1m以上、坡度在30％以内套用堆筑土山丘。

二、园路、园桥

1. 园路基层

工作内容：厚度在30cm以内挖土、填土、找平、夯实、整修、弃土2m以外。

计量单位：10m²

定额编号				2-44
项目				园路土基
				整路路床
基价（元）				18
其中	人工费（元）			17.55
	材料费（元）			—
	机械费（元）			—
	名称	单位	单价（元）	消耗量
人工	二类人工	工日	43.00	0.408

注 挖、填厚度超过30cm，另行计算。

(87)

工作内容：筛土、浇水、拌和、铺设、找平、灌浆、振实、养护。

计量单位：10m³

定额编号			2-45	2-46	2-47	2-48
项目			垫层			
			砂	石屑	碎石	混凝土
基价（元）			911	747	1076	2636
其中	人工费（元）		195.01	195.01	284.71	709.82
	材料费（元）		716.24	551.79	790.80	1883.90
	机械费（元）		—	—	—	41.97
	名称	单位	单价（元）	消耗量		
人工	二类人工	工日	43.00	4.535	4.535	6.621	16.507
材料	黄砂（毛砂）综合	t	40.00	17.630	—	—	—
	石屑	t	35.00	—	15.450	—	—
	碎石38~63	t	49.00	—	—	15.950	—
	现浇现拌混凝土C15（40）	m³	183.25	—	—	—	10.200
	水	m³	2.95	3.000	3.000	—	5.000
	水泥砂浆1:3	m³	195.13	—	—	—	—
	洗米石3~5mm	kg	0.80	—	—	—	—
	白水泥	kg	0.60	—	—	—	—
	其他材料费	元	1.00	2.185	2.185	9.248	—
机械	混凝土搅拌机500L	台班	123.45	—	—	—	0.340

(88)

2. 园路面层

工作内容：放线、整修路槽、夯实、修平垫层、调浆、铺面层、嵌缝、清扫。

计量单位：10m²

定额编号			2-49	2-50	2-51	2-52	2-53	2-54
项目			满铺卵石面	素色卵石面	洗米石	纹形混凝土面	水刷混凝土面	水刷、纹形面
			拼花	彩边素色	厚20mm	厚12cm		每增减1cm
基价（元）			846	561	797	355	451	25
其中	人工费（元）		655.22	374.41	449.35	86.50	173.47	4.29
	材料费（元）		190.30	186.79	341.06	268.41	277.84	20.66
	机械费（元）		—	—	6.91	—	—	—
名称	单位	单价（元）			消耗量			
人工	二类人工	工日	43.00	15.238	8.707	10.450	2.012	4.034	0.100
材料	水	m³	2.95	0.500	0.500	0.349	1.400	1.400	0.120
	水泥砂浆1:2.5	m³	210.26	0.360	0.360	—	—	—	—
	107胶素水泥浆	m³	497.85	—	—	0.010	—	—	—
	水泥白石屑浆1:1.5	m³	257.23	—	—	—	—	0.158	—

续表

名称		单位	单价（元）			消耗量			
材料	现浇现拌混凝土C15（16）	m³	200.08	—	—	—	1.224	1.066	0.101
	白水泥	kg	0.60	—	—	134.000			
	洗米石3～5mm	kg	0.80	—	—	315.000			
	园林用卵石本色4～6cm	t	128.00	0.550	0.580	—			
	园林用卵石分色4～6cm	t	245.00	0.170	0.140	—			
	木模板	m³	1200.00	—	—	—	0.015	0.015	—
	其他材料费	元	1.00	1.080	1.080	2.650	1.380	1.780	0.100
机械	灰浆搅拌机200L	台班	58.57	—	—	0.118	—	—	—

注 卵石粒径规格与定额不同时，卵石用量换算。

工作内容：放线、整修路槽、夯实、修平垫层、调浆、铺面层、嵌缝、清扫。

计量单位：10m²

定额编号			2-55	2-56	2-57	2-58	2-59	2-60
项目			预制方格混凝土面	预制异形混凝土面	预制混凝土大块面	假冰梅混凝土面	青石屑面（划块）	青石屑斩假面（划块）
			板厚5cm		板厚10cm	厚3cm	厚2.5cm	
基价（元）			287	294	504	179	165	487
其中	人工费（元）		65.52	72.15	97.50	97.50	93.60	279.50
	材料费（元）		221.95	221.95	406.57	81.88	71.33	207.68
	机械费（元）		—	—	—	—	—	—
	名称	单位	单价（元）		消耗量			
人工	二类人工	工日	43.00	1.524	1.678	2.268	2.268	2.177	6.500
材料	水泥砂浆1:2	m³	228.22				0.340		
	纯水泥浆	m³	—	(0.010)	(0.010)	(0.010)			
	纯水泥浆	m³	417.35				0.007		
	水泥砂浆1:2.5	m³		(0.300)	(0.300)	(0.500)			
	水泥青石屑浆1:3	m³	254.59					0.275	0.275
	黄砂（净砂）综合	t	62.50	0.577	0.577	0.577			
	预制混凝土道板	m³	362.00	0.510	0.510	1.020			
	轻煤	kg	9.09	—	—	—	—	—	15.000
	水	m³	2.95	0.070	0.070	0.070	0.380	0.380	0.380
	其他材料费	元	1.00	1.060	1.060	1.060	0.240	0.200	0.200

注 本定额用砂铺筑，如改用砂浆铺筑，扣除砂数量，增加素水泥浆及水泥砂浆数量，人工乘以系数1.3，其他材料费不变。

工作内容：放线、整修路槽、夯实、修平垫层、调浆、铺面层、嵌缝、清扫。

计量单位：10m²

定额编号			2-61	2-62	2-63	2-64	2-65	2-66
项目			方整石板面	乱铺花岗岩	石板冰梅面			
					密缝		离缝	
			厚8~12cm		板厚2mm以内	板厚4mm以内	板厚2mm以内	板厚4mm以内
基价（元）			5660	436	1392	2268	1201	2000
其中	人工费（元）		335.53	198.66	650.16	845.38	487.62	634.04
	材料费（元）		5324.87	237.22	742.05	1422.82	713.70	1366.12
	机械费（元）		—	—	—	—	—	—
	名称	单位	单价（元）		消耗量			
人工	二类人工	工日	43.00	7.803	4.620	15.120	19.660	11.340	14.745
材料	方整石板（厚10）	m²	500.00	10.500	—				
	花岗岩碎片	m²	20.00		9.500				
	机割特坚石 δ=20mm	m²	42.00			14.175		13.500	
	机割特坚石 δ=40mm	m²	84.00				14.175		13.500
	干硬水泥砂浆1:3	m³	199.35		0.230	0.220	0.330	0.220	0.330
	纯水泥浆	m³	417.35			0.010	0.010	0.010	0.010
	白回丝	kg	9.23			0.100	0.100	0.100	0.100
	水泥32.5	kg	0.30			1.550	1.550	1.550	1.550
	黄砂（净砂）综合	t	62.50	1.040					
	石料切割锯片	片	31.30	—	—	3.000	5.000	3.000	5.000
	水	m³	2.95	0.070	0.070	0.300	0.600	0.300	0.600
	其他材料费	元	1.00	9.660	1.160	2.500	2.500	2.500	2.500

注 弧形块料面层，人工乘以1.25，材料耗损另行计算。

工作内容：放线、整修路槽、夯实、修平垫层、调浆、铺面层、嵌缝、清扫。

计量单位：10m²

定额编号			2-67	2-68	2-69
项目			六角板	弹石	花岗岩板席纹
基价（元）			1898	1593	1246
其中	人工费（元）		250.00	278.64	348.30
	材料费（元）		1648.35	1313.93	893.00
	机械费（元）		—	—	4.72
名称	单位	单价（元）	消耗量		
人工	二类人工	工日	43.00	5.814	6.480	8.100
材料	纯水泥浆	m³	417.35	0.010	—	0.010
	白回丝	kg	9.23	—	—	0.100
	水泥32.5	kg	0.30	—	—	2.500
	六角板	m²	156.00	10.200	—	—
	弹石100×100×100	m²	120.00	—	10.200	—
	黄砂（净砂）综合	t	62.50	—	1.420	—
	石料切割锯片	片	31.30	—	—	0.080
	水	m³	2.95	0.250	0.060	0.250
	干硬水泥砂浆1:2	m³	232.07	0.220	—	0.220
	花岗岩200×60×40	百块	96.00	—	—	8.660
	其他材料费	元	1.00	1.180	1.000	1.500
机械	灰浆搅拌机200L	台班	58.57	—	—	0.068
	石料切割机	台班	18.48	—	—	0.040

注 弧形块料面层，人工乘以1.25，材料耗损另行计算。

（92）

工作内容：放线、整修路槽、夯实、修平垫层、调浆、铺面层、嵌缝、清扫。

计量单位：10m²

定额编号			2-70	2-71	2-72	2-73	2-74
项目			砖席纹侧铺	砖侧铺	砖平铺	瓦片	嵌草砖铺装 砂垫层（5cm）
基价（元）			391	344	172	1257	427
其中	人工费（元）		184.90	142.33	61.49	369.80	51.60
	材料费（元）		205.66	201.28	110.37	887.06	375.69
	机械费（元）		—	—	—	—	—
名称	单位	单价（元）	消耗量				
人工	二类人工	工日	43.00	4.300	3.310	1.430	8.600	1.200
材料	黄砂（净砂）综合	t	62.50	0.700	0.630	0.075	0.710	0.600
	嵌草水泥砖300×300×50	m²	32.84	—	—	—	—	10.200
	土青砖220×105×42	百块	13.95	11.500	11.500	4.500	—	—
	蝴蝶瓦（盖）180×180×13	百张	25.00	—	—	—	33.600	—
	水	m³	2.95	—	—	—	—	0.030
	其他材料费	元	1.00	1.480	1.480	0.720	2.680	3.130

注 本定额用土青砖铺筑，如改用其他砖铺筑，用量换算，其他不变。

（93）

工作内容：放线、整修路槽、夯实、修平垫层、调浆、铺面层、嵌缝、清扫。

计量单位：10m²

定额编号			2-75	2-76
项目			花岗岩机制板地面	
			板厚3cm以内	板厚3～5cm
基价（元）			870	1149
其中	人工费（元）		175.01	250.00
	材料费（元）		687.18	891.49
	机械费（元）		7.97	7.97
名称	单位	单价（元）	消耗量	
人工	二类人工 工日	43.00	4.070	5.814
材料	水泥砂浆 1：2.5	m³	210.26	0.330	0.330
	白回丝	kg	9.23	0.100	0.100
	水泥52.5	kg	0.39	1.550	1.550
	石料切割锯片	片	31.30	0.030	0.040
	水	m³	2.95	0.280	0.280
	花岗岩 δ=2cm	m²	60.00	10.200	—
	花岗岩 δ=3～5cm	m²	80.00	—	10.200
	其他材料费	元	1.00	2.500	2.500
机械	灰浆搅拌机 200L	台班	58.57	0.136	0.136

注 弧形块料面层，人工乘以1.25，材料耗损另行计算。

（94）

工作内容：挖土或填土、拍实底层、铺垫层；铺面、裁边、灌浆；混凝土搅拌、捣固、养护。

计量单位：10m²

定额编号			2-77	2-78
项目			弹石斜坡	混凝土礓蹉
基价（元）			1945	654
其中	人工费（元）		367.82	210.21
	材料费（元）		1576.68	431.29
	机械费（元）		—	12.35
名称	单位	单价（元）	消耗量	
人工	二类人工 工日	43.00	8.554	4.889
材料	弹石 100×100×100	m²	120.00	12.240	—
	现浇现拌混凝土 C15（40）	m³	183.25	—	1.020
	水泥砂浆 1：2	m³	228.22	—	0.280
	纯水泥浆	m³	417.35	—	0.010
	块石 200～500	t	40.50	—	3.800
	碎石综合	t	49.00	—	0.340
	黄砂（净砂）综合	t	62.50	1.704	—
	水	m³	2.95	0.060	0.410
	其他材料费	元	1.00	1.200	4.535
机械	混凝土搅拌机 500L	台班	123.45	—	0.100

（95）

工作内容：基层杂物清理、铺设、边口固定。　　　　　计量单位：10m²

定额编号			2-79	2-80	2-81
项目			树穴盖板（铸铁）	树穴盖板（混凝土）	树穴盖板（木板）
基价（元）			8601	308	1145
其中	人工费（元）		78.63	65.52	116.34
	材料费（元）		8522.35	242.43	1028.61
	机械费（元）		—	—	—
名称	单位	单价（元）	消耗量		
人工	二类人工	工日	43.00	1.829	1.524	2.706
材料	铸铁盖板 30mm	m²	847.00	10.050	—	—
	预制混凝土板	m³	386.00	—	0.273	—
	圆钢 φ10 以内	t	3850.00	—	0.033	—
	硬木枋材	m³	3600.00	—	—	0.263
	地板钉	kg	5.00	—	—	1.587
	杉中枋	m³	1450.00	—	—	0.050
	其他材料费	元	1.00	10.000	10.000	1.374

注　木板防腐材料另计，板厚按2.5cm计算。

（96）

工作内容：清理基层、场内运输、调浆、砌筑、直边、铺设、嵌缝、清扫。　计量单位：10m

定额编号			2-82	2-83	2-84
项目			砖树池围牙	混凝土树池围牙	条石树围牙
			5.3cm	7×15cm	7×25cm
基价（元）			65	96	300
其中	人工费（元）		32.29	49.88	175.50
	材料费（元）		33.20	45.81	124.39
	机械费（元）		—	—	—
名称	单位	单价（元）	消耗量		
人工	二类人工	工日	43.00	0.751	1.160	4.082
材料	水泥砂浆 1:2	m³	228.22	0.016	0.013	0.013
	条石 70×250	m	9.60	—	—	10.300
	预制混凝土边石 70×150×500	块	2.02	—	20.800	—
	标准砖 240×115×500	百块	35.00	0.826	—	—
	水	m³	2.95	0.014	0.075	0.014
	其他材料费	元	1.00	0.602	0.602	22.500

（97）

工作内容：清理、垫层铺设、调浆、砌筑、铺设、嵌缝、清扫。

计量单位：10m

定额编号			2-85	2-86	2-87	2-88
项目			混凝土路牙铺筑	砖路牙铺筑	条石路牙铺筑	
			10×30cm	12cm	7×25cm	10×30cm
基价（元）			191	320	265	343
其中	人工费（元）		64.86	129.17	140.44	146.97
	材料费（元）		125.83	190.64	124.39	196.38
	机械费（元）		—	—	—	—
名称	单位	单价（元）		消耗量		
人工	二类人工	工日	43.00	1.508	3.004	3.266	3.418
材料	水泥砂浆1:2	m³	228.22	0.017	0.064	0.013	0.017
	预制混凝土边石100×300×500	块	5.78	20.800	—	—	—
	标准砖240×115×53	百块	35.00	—	4.956	—	—
	条石70×250	m	9.60	—	—	10.300	—
	条石100×300	m	16.50	—	—	—	10.300
	水	m³	2.95	0.150	0.056	0.014	0.016
	其他材料费	元	1.00	1.282	2.408	22.500	22.500

注 弧形路牙，人工乘以1.25，材料用量乘以1.05。

(98)

3. 园桥

工作内容：选、修、运石、调、运、铺砂浆、砌石、安装。 计量单位：10m³

定额编号			2-89	2-90	2-91	2-92	2-93	2-94
项目			毛石基础	桥台		条石桥墩	护坡	
				毛石	条石		毛石	条石
基价（元）			1913	2209	6823	6823	1926	6567
其中	人工费（元）		468.01	761.30	761.30	761.30	514.81	514.81
	材料费（元）		1444.64	1447.68	6061.52	6061.52	1411.20	6051.97
	机械费（元）		—	—	—	—	—	—
名称	单位	单价（元）		消耗量				
人工	二类人工	工日	43.00	10.884	17.705	17.705	17.705	11.972	11.972
材料	块石200～500	t	40.50	19.470	20.130	—	—	19.470	—
	水泥砂浆M10.0	m³	174.77	3.600	3.400	2.500	2.500	3.400	2.500
	条石	m³	550.00	—	—	10.100	10.100	—	10.100
	其他材料费	元	1.00	26.936	38.196	69.596	69.596	28.446	60.046

注 园桥挖土、垫层、勾缝及其他有关配件制作、安装套用相应子目。

(99)

工作内容：放线、整修路槽、夯实、修平垫层、调浆、铺面层、嵌缝、清扫。

计量单位：10m³

定额编号				2-95	2-96	2-97	2-98	2-99
项目				石桥面	木桥面	木栈道		木栈道龙骨
				厚8cm	厚4cm	厚4cm	半圆（半径8cm）	10m³
基价（元）				2127	4046	2510	1184	17641
其中	人工费（元）			434.32	186.07	151.21	102.89	2500.88
	材料费（元）			1692.22	3850.23	2350.83	1072.62	14926.69
	机械费（元）			—	10.19	7.94	8.50	213.64
名称		单位	单价（元）	消耗量				
人工	二类人工	工日	43.00	10.100	4.327	3.516	2.393	58.160
材料	水泥砂浆M10.0	m³	174.77	0.300	—	—	—	—
	花岗岩板δ=80cm	m²	160.00	10.100	—	—	—	—
	硬木板枋材（进口）	m³	3600.00	—	0.945	0.600	—	—
	杉原木	m³	1250.00	—	—	—	0.641	11.828

续表

名称		单位	单价（元）	消耗量				
材料	铜钉120	kg	67.50	—	6.600	—	—	—
	铜钉100	kg	60.00	—	—	—	4.500	—
	铜钉80	kg	57.00	—	—	3.300	—	—
	水柏油	kg	0.51	—	—	—	—	11.500
	圆钉	kg	4.36	—	—	—	—	10.000
	铁件	kg	5.81	—	—	—	—	6.200
	其他材料费	元	1.00	23.788	2.731	2.731	1.371	56.200
机械	木工圆锯机φ500	台班	25.38	—	0.313	0.313	0.335	6.180
	木工平刨机500	台班	21.43	—	0.105	—	—	2.650

注　1. 本定额中的铁件用量设计与定额不同时，应按设计调整。

2. 木栈道若用其他防护材料，应扣除水柏油用量后套用相应章节定额。

3. 石桥面花岗岩板表面加工费另计。

(100)

(100)

第四章 土石方、打桩、基础垫层工程

说 明

一、本章定额包括土方、石方、打桩、基础垫层。混凝土基础与混凝土垫层的划分，一般以设计确定为准，如设计不明确时，以厚度划分：15cm以内的为垫层，15cm以上的为基础。

二、同一工程的土石方类别不同，除另有规定者外，应分别列项计算，土石方类别查阅《土壤及岩石（普氏）分类表》。

三、人工土方：

1. 人工挖土方最大深度按4.0m计算，超出4.0m，且仍采用人工挖土的超深范围的土方，每增加1m按相应定额乘以系数1.15计算。

2. 在挡土板下挖土人工乘以系数1.20，在群桩之间挖土人工乘以系数1.25。

3. 平整场地指原地面与设计室外地坪高差平均相差±30m以内的原土找平。如原地面与设计室外地坪标高平均相差30cm以上时，应另按挖、运、填土方计算，不再计算平整场地。

4. 挖土方除淤泥、硫砂为湿土外，均以干土为准，如挖运湿土，其定额乘以系数1.18。湿土排水（包括淤泥、流砂）应另列项目计算。湿土排水可套用建筑工程定额相应子目。

5. 干土、湿土以地质资料提供的地下水位为分界线，地下水位以上为干土，以下为湿土如果人工降低地下水位时，干湿土划分，仍以地下常水位为准。

6. 挖地槽底宽在3.0m以上，地坑底面积在20cm²以上，平整场地厚度在30cm以上者，套用建筑工程相应定额。

四、机械土方：

1. 机械挖土方定额已包括机械挖不到的土方及修整底边所需的人工。

2. 推土机、铲土机重车上坡，如果坡度大于5％时，套用定额乘以下表中系数。

坡度（％）	5~10以内	15以内	20以内	25以内
系数	1.75	2.00	2.25	2.50

3. 推土机、铲运机在土层厚度小于30cm挖土时，推土机、铲土机定额乘以系数1.20。

4. 挖掘机的垫板上进行作业时，定额乘以系数1.25，铺设垫板所增加工料费，另行计算。

5. 土石方爆破工程参照浙江省《建筑工程预算定额（2003）》相应子目计算。

五、打桩工程：

1. 预应力管桩按成品构件编制。

2. 人工挖孔桩挖孔按设计注明的桩芯直径及孔深套用定额。挖孔桩护壁不分现浇或预制，均套用安设混凝土护壁定额。

3. 人工打桩按木桩长度套用相应定额子目，木桩防腐费用按实计算。如在支架上打桩，人工乘以系数1.25。

六、人工凿岩石应按岩石分类，根据岩石不同硬度，套用相应定额子目。

七、人工翻挖路面，人工翻挖平石、侧石定额已综合了机械翻挖。

八、基础垫层

1. 垫层材料的配合比设计与定额不同时，应进行换算。

2. 毛石灌浆如设计砂浆标号不同时，砂浆标号进行换算。

3. 碎石、砂垫层级配不同时，砂石材料数量进行换算。

工程量计算规则

一、人工土方：

1. 平整场地工程量按建筑物底面积的外线每边各放2.0m所围的面积计算。

2. 地槽、坑挖土深度自槽沟底至设计室外地坪。如原地面平均标高低于设计室外地坪30cm以上时，挖土深度算至原地面。

3. 地槽长度：外墙按外墙中心线长度计算，内墙按基础底净长计算，不扣除工作面、垫层及放坡重叠部分长度，附墙垛凸出部分按砌筑工程规定的砖垛折加长度合并计算，不扣除搭接重叠部分的长度，垛的加深部分亦不增加。

4. 地槽、地坑需放坡时，放坡系数应根据施工组织设计的规定计算，如施工组织设计未规定时，可按下表规定计算：

土壤类别	放坡系数	放坡起点深度（m）
一、二类土	1：0.5	1.20
三类	1：0.33	1.50
四类	1：0.25	2.00

5. 土石方工程施工中如需加工作面，应按施工组织设计规定计算，若无规定时，可按下列规定计算：

（1）混凝土基础或混凝土基础垫层，需支模板时，每边增加工作面30cm。

（2）砌筑毛石基础，每边增加工作面15cm。

（3）使用卷材或防水砂浆做垂直防潮层时，每边增加工作面80cm。

（4）支挡土板时，按图示槽、坑底宽尺寸每边各加10cm计算。

6. 土石方的体积，按自然密实体积计算，填方按夯实后的体积计算。淤泥、流砂按实际计算。运土石方按虚方计算时，其人工乘以系数0.8。

二、机械土方：

1. 机械土方按施工组织设计规定的开挖范围及有关内容计算。

2. 余土或取土运输工程量按需要发生运输的天然密实体积计算。

3. 场地原土碾压面积按图示面积计算，填土碾压，按图示尺寸计算，体积乘以系数1.1。

4. 机械挖土方深度超过下表深度，如施工组织设计未明确放坡标准时，可按下表系数计算放坡工程量，施工设计未明确基础施工所需工作面时，可参照人工土方标准计算。

土壤类别	深度超过（m）	放坡系数 k	
		坑内挖掘	二类土
一、二类土	1.20	0.33	0.75
二类土	1.50	0.25	0.5
二类土	2.00	0.10	0.33

三、打桩工程：

1. 打压预应力钢筋混凝土管桩按设计桩长以"延长米"计算。

2. 送桩长度按设计桩顶标高至自然地坪另增0.50m计算。

3. 人工挖孔桩的土方工程量按护壁外围截面积乘以孔深以"m³"计算，孔深按自然地坪至设计桩底标高的长度计算，挖淤泥，流砂、人岩增加费按实际挖、凿数量级"m³"计算。

4. 人工挖孔桩、灌注桩芯混凝土工程量按设计图示实体积以"m³"计算，护壁工程量按设计图示体积以"m³"计算。

5. 圆木桩材积按设计桩长（包括接桩）及稍径，按木材材积表计算，其预留长度的材料已考虑在定额内。

四、人工凿石按图示尺寸以"m³"计算。

五、垫层：

1. 基础垫层按图示尺寸计算，不扣除嵌入承台基础的桩头所占体积。带型基础的垫层外墙按中心线、内墙按基地净长计算，独立柱基间按基底净长计算，附墙垛折加长度合并计算，不扣除重叠部分的体积。

2. 地面垫层工程量按地面面积乘以厚度计算。

3. 塘渣垫层工程量按实计算。

一、人工挖地槽、地沟

工作内容：挖土、抛土于槽边 1m 以外或装筐、修整底边。　计量单位：10m³

定额编号			4-1	4-2	4-3	4-4
项目			一、二类土			
			干土深度（m）			
			1 以内	2 以内	3 以内	4 以内
基价（元）			73	80	92	112
其中	人工费（元）		72.82	80.35	92.38	112.49
	材料费（元）		—	—	—	—
	机械费（元）		—	—	—	—
名称	单位	单价（元）	消耗量			
人工 一类人工	工日	40.00	1.820	2.009	2.309	2.812

（137）

工作内容：挖土、抛土于槽边 1m 以外或装筐、修整底边。　计量单位：10m³

定额编号			4-5	4-6	4-7	4-8
项目			三类土			
			干土深度（m）			
			1 以内	2 以内	3 以内	4 以内
基价（元）			128	138	145	161
其中	人工费（元）		128.06	137.99	144.55	161.40
	材料费（元）		—	—	—	—
	机械费（元）		—	—	—	—
名称	单位	单价（元）	消耗量			
人工 一类人工	工日	40.00	3.202	3.450	3.614	4.035

（138）

工作内容：挖土、抛土于槽边 1m 以外或装筐、修整底边。　计量单位：10m³

定额编号			4 - 9	4 - 10	4 - 11	4 - 12
项目			四类土			
			干土深度（m）			
			1 以内	2 以内	3 以内	4 以内
基价（元）			183	195	204	218
其中	人工费（元）		182.60	195.10	204.40	217.68
	材料费（元）		—	—	—	—
	机械费（元）		—	—	—	—
名称	单位	单价（元）	消耗量			
人工	一类人工	工日	40.00	4.565	4.878	5.110	5.442

（139）

二、人工挖地坑

工作内容：挖土、抛土于槽边 1m 以外或装筐、修整底边。　计量单位：10m³

定额编号			4 - 13	4 - 14	4 - 15	4 - 16
项目			一、二类土			
			干土深度（m）			
			1 以内	2 以内	3 以内	4 以内
基价（元）			71	90	103	113
其中	人工费（元）		71.42	90.40	103.18	113.00
	材料费（元）		—	—	—	—
	机械费（元）		—	—	—	—
名称	单位	单价（元）	消耗量			
人工	一类人工	工日	40.00	1.786	2.260	2.579	2.825

（140）

工作内容：挖土、抛土于槽边 1m 以外或装筐、修整底边、坑边排水。

计量单位：10m³

定额编号			4-17	4-18	4-19	4-20
项目			三类土			
			干土深度（m）			
			1以内	2以内	3以内	4以内
基价（元）			127	142	154	196
其中	人工费（元）		127.22	142.29	154.15	196.42
	材料费（元）		—	—	—	—
	机械费（元）		—	—	—	—
名称	单位	单价（元）	消耗量			
人工 一类人工	工日	40.00	3.181	3.557	3.854	4.910

工作内容：挖土、抛土于槽边 1m 以外或装筐、修整底边。 计量单位：10m³

定额编号			4-21	4-22	4-23	4-24
项目			四类土			
			干土深度（m）			
			1以内	2以内	3以内	4以内
基价（元）			192	201	218	241
其中	人工费（元）		191.95	200.08	218.18	241.06
	材料费（元）		—	—	—	—
	机械费（元）		—	—	—	—
名称	单位	单价（元）	消耗量			
人工 一类人工	工日	40.00	4.799	5.022	5.454	6.026

三、挖淤泥、流砂、支挡土板

工作内容：1. 挖淤泥：挖泥、装筐；
　　　　　2. 挖流砂：挖砂、装筐；
　　　　　3. 挡土板：制作、安装、拆除、堆放。　　计量单位：10m³

定额编号			4-25	4-26	4-27	4-28
项目			挖淤泥	挖流砂	支挡土板（10m²）	
					单面	双面
基价（元）			217	322	99	140
其中	人工费（元）		216.88	322.24	37.20	48.05
	材料费（元）		—	—	58.94	88.42
	机械费（元）		—	—	2.39	3.09
名称	单位	单价（元）	消耗量			
人工	一类人工	工日	40.00	5.422	8.056	0.930	1.201
材料	松板枋材	m³	1300.00	—	—	0.044	0.066
	圆钉	kg	4.36	—	—	0.400	0.600
机械	潜水泵 φ100	台班	33.64	—	—	0.071	0.092

四、人工凿岩石、翻挖路面

工作内容：人工凿岩石：凿石、清理、修边、检底、抛石渣于 2m 以外、修理工具。　　计量单位：10m³

定额编号			4-29	4-30	4-31	4-32	4-33	4-34
项目			人工凿岩石					
			地面开凿			地槽开凿		
			软石	次坚石	普坚石	软石	次坚石	普坚石
基价（元）			271	448	772	530	735	1036
其中	人工费（元）		271.40	447.95	772.06	530.26	735.20	1035.96
	材料费（元）		—	—	—	—	—	—
	机械费（元）		—	—	—	—	—	—
名称	单位	单价（元）	消耗量					
人工	一类人工	工日	40.00	6.785	11.199	19.301	13.256	18.380	25.899

注　人工开凿特坚石地槽，按普坚石定额乘以系数 1.30。

工作内容：人工凿岩石：凿石、清理、修边、检底、抛石渣于2m以外、修理工具。

计量单位：10m³

定额编号		4-35	4-36	4-37
项目		人工凿岩石		
		地坑开凿		
		软石	次坚石	普坚石
基价（元）		682	945	1334
其中	人工费（元）	682.00	945.25	1333.99
	材料费（元）	—	—	—
	机械费（元）	—	—	—

	名称	单位	单价（元）	消耗量		
人工	一类人工	工日	40.00	17.050	23.631	33.350

注　人工开凿特坚石地槽，按普坚石定额乘以系数1.30。

(145)

工作内容：人工翻坑：施工前准备、翻坑、清除废旧料、堆放装车、清理场地及走道。

计量单位：10m³

定额编号		4-38	4-39	4-40	4-41
项目		人工翻挖			
		混凝土		块石	
		厚20cm	增减1cm	厚30cm	增减1cm
基价（元）		176	5	102	4
其中	人工费（元）	90.52	2.73	46.87	1.49
	材料费（元）	3.33	0.17	2.50	0.08
	机械费（元）	81.96	2.42	53.10	1.94

	名称	单位	单价（元）	消耗量			
人工	一类人工	工日	40.00	2.263	0.068	1.172	0.037
材料	风镐凿子	根	4.16	0.800	0.040	0.600	0.020
机械	电动空气压缩机 6m³/min	台班	242.48	0.338	0.010	0.219	0.008

(146)

工作内容：人工翻坑：施工前准备、翻坑、清除废旧料、堆放装车、清理场地及走道。　　　　　　　　　　　计量单位：10m³

定额编号			4-42	4-43	4-44	4-45	4-46	4-47
项目			人工翻挖					
			碎石		侧石	平石	预制混凝土矩形板	预制混凝土异形板
			厚15cm	增减1cm	10m			
基价（元）			57	4	32	30	12	17
其中	人工费（元）		27.28	1.49	17.39	16.86	12.40	17.11
	材料费（元）		1.25	0.08	1.25	1.66	—	—
	机械费（元）		28.86	1.94	13.58	11.40	—	—
名称	单位	单价（元）	消耗量					
人工	一类人工	工日	40.00	0.682	0.037	0.435	0.422	0.310	0.428
材料	风镐凿子	根	4.16	0.300	0.020	0.300	0.400	—	—
机械	电动空气压缩机 6m³/min	台班	242.48	0.119	0.008	0.056	0.047	—	—

五、土、石方运输

工作内容：装、卸、运及堆放。　　　　　　　　　　　计量单位：10m³

定额编号			4-48	4-49	4-50	4-51
项目			人工运土方		人工运淤泥	
			运距			
			20m以内	每增20m	20m以内	每增20m
基价（元）			84	10	141	15
其中	人工费（元）		84.32	9.92	141.36	14.88
	材料费（元）		—	—	—	—
	机械费（元）		—	—	—	—
名称	单位	单价（元）	消耗量			
人工	一类人工	工日	40.00	2.108	0.248	3.534	0.372

工作内容：装、卸、运及堆放。　　　　　　　　　计量单位：10m³

定额编号			4-52	4-53	4-54	4-55
项目			人力车运土方		人力车运淤泥	
			运距			
			50m以内	每增50m	50m以内	每增50m
基价（元）			74	7	124	10
其中	人工费（元）		74.40	7.44	124.00	9.92
	材料费（元）		—	—	—	—
	机械费（元）		—	—	—	—
名称	单位	单价（元）	消耗量			
人工	一类人工	工日	40.00	1.860	0.186	3.100	0.248

(149)

工作内容：装、卸、运及堆放。　　　　　　　　　计量单位：10m³

定额编号			4-56	4-57	4-58	4-59
项目			人工运石方		人力车运石方	
			运距			
			20m以内	每增20m	50m以内	每增20m
基价（元）			124	17	89	10
其中	人工费（元）		124.00	17.36	89.28	9.92
	材料费（元）		—	—	—	—
	机械费（元）		—	—	—	—
名称	单位	单价（元）	消耗量			
人工	一类人工	工日	40.00	3.100	0.434	2.232	0.248

(150)

六、平整场地、原土夯实及回填

工作内容：1. 平整场地：厚在±30cm 以内的挖、填、找平；
　　　　　2. 原土夯实：包括碎土、平土、找平、泼水、夯实、机械修理；
　　　　　3. 回填土：取土、铺平、回填、夯实、20m 内运土。

计量单位：10m³

定额编号		4-60	4-61	4-62	4-63	4-64	4-65
项目		平整场地	原土夯实		回填土		
		10m²	机械(10m²)	人工(10m²)	松填	人工夯实	机械夯实
基价（元）		18	5	6	24	69	67
其中	人工费（元）	18.42	4.43	6.45	23.59	68.88	53.60
	材料费（元）	—	—	—	—	—	—
	机械费（元）	—	0.46	—	—	—	13.01

	名称	单位	单价(元)	消耗量					
人工	一类人工	工日	40.00	0.460	0.111	0.161	0.590	1.722	1.340
机械	电动空气压缩机 6m³/min	台班	21.79	—	0.021	—	—	—	0.597

七、机械土方

工作内容：就地平整、填（挖）、推平碾压、排水。

定额编号			4-66	4-67	4-68
项目			场地机械平整	原土碾压	场地填土机械碾压
			100m²		100m³
基价（元）			37	10	135
其中	人工费（元）		3.41	3.41	20.46
	材料费（元）		—	—	—
	机械费（元）		33.18	6.89	114.64

	名称	单位	单价(元)	消耗量		
人工	一类人工	工日	40.00	0.085	0.085	0.512
机械	履带式推土机 90kW	台班	705.64	0.042	—	—
	自行式铲运机 7m³	台班	707.89	0.005	—	0.010
	内燃光轮压路机 12t	台班	382.68	—	0.018	—
	振动式压路机 10t	台班	528.74	—	—	0.102
	洒水汽车 4000L	台班	383.06	—	—	0.140

工作内容：挖土、填土、修理边坡、工作面内排水。　计量单位：100m³

定额编号			4-69	4-70	4-71	4-72	4-73	4-74	4-75
项目			挖掘机一般开挖			反挖掘机挖一、二类土			
			一、二类土	三类土	四类土	深度（m）			
						2 以内	4 以内	6 以内	6 以上
基价（元）			251	318	403	365	336	423	491
其中	人工费（元）		57.97	91.05	131.28	163.68	156.86	214.83	252.34
	材料费（元）		—	—	—	—	—	—	—
	机械费（元）		193.16	226.55	271.43	201.42	179.52	207.89	239.12
名称	单位	单价（元）	消耗量						
人工	一类人工	工日	40.00	1.449	2.276	3.282	4.092	3.922	5.371	6.309
机械	履带式单斗挖掘机（液压）1m³	台班	1078.38	0.168	0.197	0.236	0.175	0.156	0.181	0.208
	履带式推土机 90kW	台班	705.64	0.017	0.020	0.024	0.018	0.016	0.018	0.021

（153）

工作内容：挖土、推土、修理边坡、工作面内排水。　计量单位：100m³

定额编号			4-76	4-77	4-78	4-79
项目			反铲挖掘机挖三类土			
			深度（m）			
			2 以内	4 以内	6 以内	6 以上
基价（元）			511	438	534	623
其中	人工费（元）		285.20	235.29	300.08	354.64
	材料费（元）		—	—	—	—
	机械费（元）		225.48	202.50	234.10	268.57
名称	单位	单价（元）	消耗量			
人工	一类人工	工日	40.00	7.130	5.882	7.502	8.866
机械	履带式单斗挖掘机（液压）1m³	台班	1078.38	0.196	0.176	0.204	0.234
	履带式推土机 90kW	台班	705.64	0.020	0.018	0.020	0.023

（154）

工作内容：挖土、推土、修理边坡、工作面内排水。　　　　　计量单位：100m³

定额编号			4 - 80	4 - 81	4 - 82	4 - 83
项目			反铲挖掘机挖四类土			
			深度（m）			
			2 以内	4 以内	6 以内	6 以上
基价（元）			656	552	654	768
其中	人工费（元）		405.79	323.95	395.56	470.58
	材料费（元）		—	—	—	—
	机械费（元）		250.61	227.63	258.87	297.65
名称	单位	单价（元）	消耗量			
人工	一类人工	工日	40.00	10.145	8.099	9.889	11.765
机械	履带式单斗挖掘机（液压）1m³	台班	1078.38	0.218	0.198	0.225	0.259
	履带式推土机 90kW	台班	705.64	0.022	0.020	0.023	0.026

工作内容：挖土，装、卸土，运土；推平、修理边坡、工作面内排水。

计量单位：100m³

定额编号			4 - 84	4 - 85	4 - 86	4 - 87
项目			反铲挖掘机挖土、自卸汽车运土 1000m 以内			
			一、二类土深度（m）			
			2 以内	4 以内	6 以内	6 以上
基价（元）			890	858	950	1028
其中	人工费（元）		163.68	156.86	214.83	252.34
	材料费（元）		—	—	—	—
	机械费（元）		726.21	701.45	734.84	775.40
名称	单位	单价（元）	消耗量			
人工	一类人工	工日	40.00	4.092	3.922	5.371	6.309
机械	履带式单斗挖掘机（液压）1m³	台班	1078.38	0.225	0.204	0.233	0.268
	履带式推土机 90kW	台班	705.64	0.023	0.020	0.023	0.027
	自卸汽车 8t	台班	492.98	0.948	0.948	0.948	0.948

工作内容：挖土，装、卸土，运土；推平、修理边坡、工作面内排水。

计量单位：100m³

定额编号			4-88	4-89	4-90	4-91
项目			反铲挖掘机挖土、自卸汽车运土1000m以内			
			三类土深度（m）			
			2以内	4以内	6以内	6以上
基价（元）			1056	988	1090	1189
其中	人工费（元）		276.21	235.29	300.08	354.64
	材料费（元）		—	—	—	—
	机械费（元）		779.32	753.11	789.73	834.61
	名称	单位	单价（元）	消耗量		
人工	一类人工	工日	40.00	6.905	5.882	7.502	8.866
机械	履带式单斗挖掘机（液压）1m³	台班	1078.38	0.251	0.228	0.260	0.299
	履带式推土机90kW	台班	705.64	0.025	0.023	0.026	0.030
	自卸汽车8t	台班	492.98	0.996	0.996	0.996	0.996

(157)

工作内容：挖土，装、卸土，运土；推平、修理边坡、工作面内排水。

计量单位：100m³

定额编号			4-92	4-93	4-94	4-95
项目			反铲挖掘机挖土、自卸汽车运土1000m以内			
			四类土深度（m）			
			2以内	4以内	6以内	6以上
基价（元）			1228	1119	1228	1352
其中	人工费（元）		405.79	323.95	395.56	470.58
	材料费（元）		—	—	—	—
	机械费（元）		822.20	795.28	832.61	881.81
	名称	单位	单价（元）	消耗量		
人工	一类人工	工日	40.00	10.145	8.099	9.889	11.765
机械	履带式单斗挖掘机（液压）1m³	台班	1078.38	0.276	0.253	0.285	0.328
	履带式推土机90kW	台班	705.64	0.028	0.025	0.029	0.033
	自卸汽车8t	台班	492.98	1.024	1.024	1.024	1.024

(158)

工作内容：推土、弃土；就地平整、填、推平碾压、排水。

计量单位：100m³

定额编号			4-96	4-97	4-98	4-99
项目			推土机推土			
			运距20m以内			每增加10m
			一、二类土	三类土	四类土	
基价（元）			232	283	348	110
其中	人工费（元）		20.46	20.46	20.46	—
	材料费（元）		—	—	—	—
	机械费（元）		211.78	262.13	327.86	110.31
名称	单位	单价（元）	消耗量			
人工 一类人工	工日	40.00	0.512	0.512	0.512	—
履带式推土机60kW	台班	384.36	0.551	0.682	0.853	0.287

（159）

工作内容：装土、运、卸土。

计量单位：100m³

定额编号			4-100	4-101	4-102	4-103
项目			人工装土	装载机装土	自卸汽车运土（m）	
					1000以内	每增加1000
基价（元）			481	113	555	139
其中	人工费（元）		480.81	20.46	—	—
	材料费（元）		—	—	—	—
	机械费（元）		—	92.63	555.10	139.02
名称	单位	单价（元）	消耗量			
人工 一类人工	工日	40.00	12.020	0.512	—	—
机械 轮胎式装载机1m³	台班	454.06	—	0.204	—	—
自卸汽车8t	台班	492.98	—	—	1.126	0.282

（160）

八、打、压预应力钢筋混凝土管桩

1. 打预应力钢筋混凝土管桩

工作内容：准备打桩机械、探桩位、行走桩机、吊运桩、定位、安卸桩垫、桩帽、校正、打桩、接桩。

计量单位：100m³

定额编号			4-104	4-105	4-106	4-107
项目			打管桩		送管桩	
			桩径（mm）			
			400以内	600以内	400以内	600以内
基价（元）			14415	17204	1678	2943
其中	人工费（元）		389.11	441.49	557.47	632.30
	材料费（元）		12890.04	14656.01	11.40	21.50
	机械费（元）		1135.91	2106.67	1108.81	2288.89
名称	单位	单价（元）	消耗量			
人工	一类人工	工日	43.00	9.049	10.267	12.964	14.705
材料	预应力钢筋混凝土管桩 φ500	m	143.00	—	101.00	—	—

续表

	名称	单位	单价（元）	消耗量			
材料	预应力钢筋混凝土管桩 φ400	m	126.50	101.00	—	—	—
	送垫木	m³	1300.00	0.030	0.070		
	金属周转材料	kg	4.67	2.800	5.800	—	
	电焊条结 E43	kg	5.40	9.900	14.800		
	其他材料费	元	1.00	8.000	15.000	11.400	21.500
机械	步履式柴油机打桩机 2.5t	台班	744.17	1.040	—	1.490	—
	步履式柴油机打桩机 6t	台班	1354.37	—	1.180	—	1.690
	履带式起重机15t	台班	515.34	0.620	—	—	—
	履带式起重机25t	台班	646.24	—	0.710		
	交流弧焊机 32kV·A	台班	90.34	0.470	0.550		

2. 压预应力钢筋混凝土管桩

工作内容：准备打桩机械、探桩位、行走桩机、吊运桩、定位、安卸桩垫、桩帽、校正、
打桩、接桩。　　　　　　　　　　　　　　　　　　　　　　　计量单位：100m³

定额编号			4-108	4-109	4-110	4-111	4-112	1-113
项目			压管桩		压送管桩		凿预应力管桩桩头	凿混凝土桩头
			桩径（mm）				10个	
			400以内	600以内	400以内	600以内		
基价（元）			14192	16834	1550	2642	177	338
其中	人工费（元）		224.49	280.61	321.76	400.33	557.47	632.30
	材料费（元）		12890.04	14656.01	11.40	20.50	11.40	21.50
	机械费（元）		1077.10	1897.37	1217.07	2221.14	1108.81	2288.89
名称	单位	单价（元）	消耗量					
人工	二类人工	工日	43.00	5.221	6.526	7.483	9.310	3.741	7.483
材料	预应力钢筋混凝土管桩φ400	m	126.50	101.000	101.000	—	—	—	—
	送垫木	m³	1300.00	0.030	0.070	—	—	—	—
	金属周转材料	kg	4.67	2.800	5.800	—	—	—	—
	电焊条结E43	kg	5.40	9.900	14.800	—	—	—	—
	其他材料费	元	1.00	8.000	15.000	11.400	20.500	4.000	4.000
机械	多功能压桩机2000kN	台班	1415.20	0.600		0.860			
	多功能压桩机4000kN	台班	2075.83	—	0.750		1.070		
	履带式起重机15t	台班	515.34	0.360					
	履带式起重机25t	台班	646.24	—	0.450				
	交流弧焊机32kV·A	台班	90.34	0.470	0.550				
	其他机械费	元	1.00					12.600	12.600

九、人工挖孔桩

1. 人工挖孔桩

工作内容：孔内挖土、吊运土方、弃土于50m内、筑沟抽水、修整桩底、送风、照明及
安拆安全设施等。　　　　　　　　　　　　　　　　　　　　计量单位：10m³

定额编号			4-114	4-115	4-116	4-117
项目			桩径1500mm以内		桩径1500mm以上	
			桩孔深（m）			
			10以内	20以内	10以内	20以内
基价（元）			619	895	547	791
其中	人工费（元）		475.16	695.91	407.82	598.63
	材料费（元）		21.00	27.00	21.00	27.00
	机械费（元）		122.94	172.04	118.15	164.96
名称	单位	单价（元）	消耗量			
人工	二类人工	工日	43.00	11.050	16.184	19.484	13.922
材料	安全设施及照明费	元	1.00	21.000	27.000	21.000	27.000
机械	电动单级离心清水泵φ50	台班	30.33	2.000	3.000	2.000	3.000
	吹风机	台班	9.04	2.800	3.200	2.800	3.200
	电工葫芦单速5t	台班	45.93	0.720	1.050	0.620	0.900
	其他机械费	元	1.00	3.900	3.900	3.700	3.700

2. 人工挖孔增加费、安设护壁、灌注桩芯

工作内容：挖淤泥、流砂、堵漏、防塌、机械凿岩、表面修整、安拆模板、浇灌或制作安装混凝土护壁、搅拌、灌注、振实桩芯混凝土。

计量单位：10m³

定额编号			4-118	4-119	4-120	4-121
项目			人工挖孔桩增加费		安设混凝土护壁	灌注桩芯混凝土
			挖淤泥、流砂	入岩石层		
基价（元）			640	890	6511	3009
其中	人工费（元）		434.01	808.15	2865.94	523.80
	材料费（元）		30.00	20.00	3361.38	2292.28
	机械费（元）		175.91	61.49	284.05	193.22
名称	单位	单价（元）	消耗量			
人工	二类人工	工日	43.00	10.093	18.794	66.650	12.181
材料	水	m³	2.95	—	—	16.000	3.000
	木模板	m³	1200.00	—	—	0.840	—
	圆钉50	kg	4.36	—	—	17.600	—

（165）

名称		单位	单价（元）	消耗量			
材料	沉管成孔桩混凝土 C20（40）	m³	215.24	—	—	10.200	—
	沉管成孔桩混凝土 C25（40）	m³	224.18	—	—	—	10.150
	草袋	m²	5.29	—	—	1.700	—
	安全设施及照明费	元	1.00	—	—	25.000	8.000
	其他材料费	元	1.00	30.000	20.000	—	—
机械	电动单级离心清水泵 φ50	台班	30.33	5.800			
	风动凿岩机气腿式	台班	10.58	—	3.600	1.000	0.630
	混凝土搅拌机500L	台班	123.45	—	—	2.000	1.250
	混凝土振捣器插入式	台班	4.83	—	—	5.500	1.500
	其他机械费	元	1.00	—	23.400	—	25.000

（166）

十、打圆木桩

工作内容：打木桩、送桩制作木桩、安装拆卸桩箍、移动桩架、吊桩、定位、校正、锯桩头。

计量单位：10m³

定额编号			4-122	4-123	4-124
项目			打桩	送桩	接桩头
					10 个
基价（元）			15249	1889	679
其中	人工费（元）		4018.29	1889.42	235.71
	材料费（元）		11230.84	—	443.65
	机械费（元）		—	—	—
名称	单位	单价（元）	消耗量		
人工	二类人工	工日	43.00	93.449	43.940	5.482
机械	圆木桩	m³	973.59	11.300	—	—
	金属周转材料	kg	4.67	40.000	—	95.000
	桩架摊消费	元	1.00	30.000	—	—
	其他材料费	元	1.00	10.600	—	—

十一、基础垫层

工作内容：筛灰、闷灰、浇水、拌和、铺设、找平、夯实、混凝土搅拌、振捣、养护。

计量单位：10m³

定额编号			4-125	4-126	4-127
项目			3∶7 灰土	砂	石屑
基价（元）			1047	898	730
其中	人工费（元）		228.57	183.33	183.31
	材料费（元）		808.61	710.85	543.08
	机械费（元）		9.59	3.34	3.34
名称	单位	单价（元）	消耗量		
人工	二类人工	工日	43.00	5.316	4.263	4.263
材料	灰土 3∶7	m³	80.06	10.100	—	—
	黄砂（毛砂）综合	t	40.00	—	17.550	—
	水	m³	2.95	—	3.000	1.620
	石屑	t	35.00	—	—	15.380
机械	电动夯实机 20~50kg·m	台班	21.79	0.440	—	—
	混凝土振捣器平板式 BL11	台班	17.56	—	0.190	0.190

注 灰土垫层若配合比与设计不同时，可进行换算。

工作内容：筛灰、闷灰、浇水、拌和、铺设、找平、夯实、混凝土搅拌、振捣、养护。　　　　　　　　　　　　　计量单位：10m³

定额编号			4-128	4-129	4-130	4-131
项目			黏土		石灰水渣	煤渣
			掺砂子	掺碎石		
			体积比 3∶7	重量比 1∶0.6		
基价（元）			1476	738	855	856
其中	人工费（元）		175.78	260.95	428.56	414.96
	材料费（元）		1300.02	477.41	426.65	440.91
	机械费（元）		—	—	—	—
名称	单位	单价（元）	消耗量			
人工	二类人工	工日	43.00	4.088	6.069	9.967	9.650
材料	黏土	m³	20.50	4.000	9.290	—	—
	黄砂中粗砂	m³	111.00	10.920	—	—	—
	碎石40以内	t	49.00	—	5.730	—	—
	水	m³	2.95	2.000	2.100	2.000	—
	石灰水渣	t	55.00	—	—	7.650	—
	炉渣	m³	36.14	—	—	—	12.200

（169）

工作内容：筛灰、闷灰、浇水、拌和、铺设、找平、夯实、混凝土搅拌、振捣、养护。　　　　　　　　　　　　　计量单位：10m³

定额编号			4-132	4-133	4-134	4-135
项目			碎石		块石	
			干铺	灌浆	干铺	灌浆
基价（元）			1085	1703	1078	1576
其中	人工费（元）		190.81	310.54	2224.49	362.92
	材料费（元）		885.92	1350.68	845.19	1180.80
	机械费（元）		8.72	42.10	8.72	32.14
名称	单位	单价（元）	消耗量			
人工	二类人工	工日	43.00	4.438	7.222	5.221	8.440
材料	碎石 综合	t	49.00	2.580	—	—	—
	碎石 38～63	t	49.00	15.000	15.500	1.710	—
	块石 200～500	t	40.50	—	—	18.800	18.800
	混合砂浆 M2.5	m³	173.52	—	3.390	—	2.400
	水	m³	2.95	—	1.000	—	1.000
机械	灰浆搅拌机 200L	台班	58.57	—	0.570	—	0.400
	电动夯实机 20～60kg·m	台班	21.79	0.400	0.400	0.400	0.400

（170）

工作内容：筛灰、闷灰、浇水、拌和、铺设、找平、夯实、混凝土搅拌、振捣、养护。　　　　　　　　　　　　　　　计量单位：10m³

定额编号			4-136	4-137	4-138	4-139
项目			碎石和砂		塘渣	
			人工级配	天然级配	压路机压实	夯实机夯实
基价（元）			1251	721	706	647
其中	人工费（元）		243.20	190.81	112.24	149.66
	材料费（元）		950.85	521.85	551.20	488.80
	机械费（元）		57.10		8.72	
名称	单位	单价（元）	消耗量			
人工	二类人工	工日	43.00	5.656	4.438	2.610	3.480
材料	黄砂（毛砂）综合	t	40.00	12.500	—	—	—
	碎石38~63	t	49.00	8.900	—	—	—
	山砂综合	t	27.00	—	19.000	—	—
	塘渣	t	26.00	—	—	21.200	18.800
	水	m³	2.95	5.000	3.000	—	—
机械	混凝土搅拌机200L	台班	123.45	0.390	—	—	—
	混凝土振捣器平板式BL11	台班	17.56	—	—	—	—
	内燃光轮压路机12t	台班	382.68	—	—	0.110	—
	电动夯实机20~62kg·m	台班	21.79	—	0.400	—	0.400

附　　录

一、砂浆、混凝土配合比

1. 砂浆配合比

（1）砌筑砂浆。

计量单位：m³

定额编号			1	2	3	4
项目			混合砂浆			
			强度等级			
			M2.5	M5.0	M7.5	M10.0
基价（元）			173.52	181.66	181.75	184.56
名称	单位	单价（元）	消耗量			
材料	水泥42.5	kg	0.33	141.000	164.000	187.000	209.000
	石灰膏	m³	278.00	0.113	0.115	0.088	0.072
	黄砂（净砂）综合	t	62.50	1.515	1.515	1.515	1.515
	水	m³	2.95	0.300	0.300	0.300	0.300

计量单位：m³

定额编号			5	6
项目			披刀灰	
			强度等级	
			M1.5	M2.5
基价（元）			224.17	230.59
名称	单位	单价（元）	消耗量	
材料	水泥	kg	0.33	103.000	147.000
	石灰膏	m³	278.00	0.395	0.378
	黄砂（净砂）综合	t	62.50	1.260	1.206
	水	m³	2.95	0.550	0.550

计量单位：m³

定额编号			7	8	9	10
项目			水泥砂浆			
			强度等级			
			M2.5	M5.0	M7.5	M10.0
基价（元）			161.57	164.87	168.17	174.77
	名称	单位	单价（元）	消耗量		
材料	水泥 42.5	kg	0.33	200.000	210.000	220.000	240.000
	黄砂（净砂）综合	t	62.50	1.515	1.515	1.515	1.515
	水	m³	2.95	0.300	0.300	0.300	0.300

计量单位：m³

定额编号			11	12
项目			干硬水泥砂浆	
			1：2	1：3
基价（元）			232.07	199.35
	名称	单位	单价（元）	消耗量	
材料	水泥 42.5	kg	0.33	462.000	339.000
	黄砂（净砂）综合	t	62.50	1.269	1.395
	水	m³	2.95	0.100	0.100

计量单位：m³

定额编号			13	14	15	16	17	18
项目			石灰砂浆			石灰黄泥浆		防水砂浆
			1：2	1：2.5	1：3	1：2.5	1：3	
基价（元）			213.12	206.86	192.05	134.29	123.58	306.77
	名称	单位	单价（元）	消耗量				
材料	水泥 42.5	kg	0.33	—	—	—	—	—	462.000
	石灰膏	m³	278.00	0.450	0.396	0.336	0.400	0.360	—
	黄砂（净砂）综合	t	62.50	1.380	1.520	1.550	—	—	1.269
	黄泥	m³	20.50	—	—	—	1.040	1.060	—
	防水剂	kg	3.00	—	—	—	—	—	24.705
	水	m³	2.95	0.600	0.600	0.600	0.600	0.600	0.300

（2）抹灰砂浆。

计量单位：m³

定额编号			19	20	21	22	23	24
项目			水泥砂浆					
			1：1	1：1.5	1：2	1：2.5	1：3	1：4
基价（元）			262.93	241.92	228.22	210.26	195.13	194.36
	名称	单位	单价（元）	消耗量				
材料	水泥 42.5	kg	0.33	638.000	534.000	462.000	393.000	339.000	295.000
	黄砂（净砂）综合	t	62.50	0.824	1.037	1.198	1.275	1.318	1.538
	水	m³	2.95	0.300	0.300	0.300	0.300	0.300	0.300

计量单位：m³

定额编号			25	26	27	28	29	30
项目			钢丝网水泥砂浆		纯水泥浆	107胶纯水泥浆	纯白水泥浆	白水泥浆
			1:1.8	1:2				1:2
基价（元）			277.27	270.98	417.35	497.85	902.09	352.96
	名称	单位	单价（元）		消耗量			
材料	水泥 42.5	kg	0.33	604.000	573.000	1262.000	1262.000	—	—
	白水泥	kg	0.60	—	—	—	—	1502.000	462.000
	黄砂（净砂）综合	t	62.50	1.233	1.296	—	—	—	1.198
	107胶	kg	2.30	—	—	—	35.000	—	—
	水	m³	2.95	0.300	0.300	0.300	0.300	0.300	0.300

计量单位：m³

定额编号			36	37	38	39	40
项目			混合砂浆				
			1:0.5:4	1:0.5:5	1:0.3:3	1:0.3:4	1:0.2:2
基价（元）			219.42	194.25	232.29	198.78	246.81
	名称	单位	单价（元）		消耗量		
材料	水泥 42.5	g	0.33	254.000	203.000	328.000	249.000	424.000
	石灰膏	m³	278.00	0.151	0.121	0.118	0.089	0.101
	黄砂（净砂）综合	t	62.50	1.472	1.472	1.434	1.444	1.235
	水	m³	2.95	0.550	0.550	0.550	0.550	0.550

计量单位：m³

定额编号			31	32	33	34	35
项目			混合砂浆				
			1:0.5:0.5	1:0.5:1	1:0.5:2	1:0.5:2.5	1:0.5:3
基价（元）			364.55	285.95	239.33	250.84	239.06
	名称	单位	单价（元）		消耗量		
材料	水泥 42.5	kg	0.33	672.000	485.000	377.000	345.000	309.000
	石灰膏	m³	278.00	0.399	0.289	0.149	0.205	0.184
	黄砂（净砂）综合	t	62.50	0.484	0.703	1.150	1.254	1.349
	水	m³	2.95	0.550	0.550	0.550	0.550	0.550

计量单位：m³

定额编号			41	42	43	44	45	46
项目			混合砂浆					
			1:1:1	1:1:2	1:1:4	1:1:6	1:2:1	1:3:9
基价（元）			296.10	269.27	236.49	206.16	307.00	233.07
	名称	单位	单价（元）		消耗量			
材料	水泥 42.5	kg	0.33	391.000	318.000	229.000	170.000	282.000	108.000
	石灰膏	m³	278.00	0.467	0.378	0.274	0.203	0.672	0.386
	黄砂（净砂）综合	t	62.50	0.570	0.922	1.330	1.472	0.408	1.416
	水	m³	2.95	0.550	0.550	0.550	0.550	0.550	0.550

计量单位：m³

定额编号			47	48	49	50
项目			石灰砂浆			
			1:2	1:2.5	1:3	1:4
基价（元）			213.12	206.86	192.05	168.98
名称	单位	单价（元）	消耗量			
材料 石灰膏	m³	278.00	0.450	0.396	0.336	0.253
黄砂（净砂）综合	t	62.50	1.380	1.520	1.550	1.550
水	m³	2.95	0.600	0.600	0.600	0.600

计量单位：m³

定额编号			51	52	53	54	55
项目			纸筋灰浆	纸筋灰砂浆	水泥石灰纸筋砂浆		
				1:2	1:0.5:0.5	1:1:4	1:3:9
基价（元）			347.46	241.97	381.85	249.18	247.12
名称	单位	单价（元）	消耗量				
材料 水泥 42.5	kg	0.33	—	—	670.000	229.000	108.000
石灰膏	m³	278.00	1.010	0.450	0.400	0.286	0.386
黄砂（净砂）综合	t	62.50	—	1.380	0.459	1.260	1.341
纸筋	kg	1.13	57.500	25.700	17.100	12.240	16.650
水	m³	2.95	0.500	0.500	0.500	0.500	0.500

（314）

计量单位：m³

定额编号			56	57	58	59	60
项目			水泥石灰纸筋砂浆	纸筋混合灰浆	水泥石灰麻刀砂浆		麻刀快硬水泥
			1:0.5		1:2:4	1:2:9	
基价（元）			429.11	419.21	272.48	220.86	605.69
名称	单位	单价（元）	消耗量				
材料 水泥 42.5	kg	0.33	815.000	67.000	187.000	113.000	960.000
石灰膏	m³	278.00	0.486	1.212	0.448	0.269	
黄砂（净砂）综合	t	62.50			1.035	1.396	
纸筋	kg	1.13	20.790	51.750	—		
麻刀	kg	1.20	—		16.600	16.600	240.000
水	m³	2.95	0.500	0.500	0.550	0.550	0.300

计量单位：m³

定额编号			61	62	63	64	65
项目			麻刀石灰砂浆 1:3	石灰麻刀浆	石膏灰浆	石膏砂浆	素石膏浆
基价（元）			211.97	302.47	603.31	353.51	608.67
名称	单位	单价（元）	消耗量				
材料 石灰膏	m³	278.00	0.336	1.010	—	—	—
黄砂（净砂）综合	t	62.50	1.550			1.610	
纸筋	kg	1.13	—		26.400		
麻刀	kg	1.20	16.600	16.600			
石膏粉	kg	0.70	—		817.000	360.000	867.000
水	m³	2.95	0.600	0.600	0.500	0.300	0.600

（315）

计量单位：m³

定额编号			66	67
项目			水泥石灰白石屑浆	水泥珍珠岩砂浆
			1：1：6	
基价（元）			170.88	298.49
名称	单位	单价（元）	消耗量	
材料	水泥 42.5	kg	0.33	170.000	210.000
	石灰膏	m³	278.00	0.203	0.216
	白石屑	kg	0.04	1418.000	—
	膨胀珍珠岩粉	m³	111.000	—	1.510
	松香	kg	5.00	—	0.120
	氢氧化钠（烧碱）	kg	2.27	—	0.020
	水	m³	2.95	0.550	0.300

计量单位：m³

定额编号			74	75	76
项目			水泥白石子浆		
			1：1	1：1.5	1：2
基价（元）			311.42	280.94	258.23
名称	单位	单价（元）	消耗量		
材料	水泥 42.5	kg	0.33	765.000	631.000	534.000
	白石子	kg	0.06	968.000	1197.000	1352.000
	水	m³	2.95	0.3000	0.300	0.300

计量单位：m³

定额编号			68	69	70	71	72	73
项目			水泥白石屑浆			白水泥白石屑浆		
			1：1.5	1：2	1：2.5	1：1.5	1：2	1：2.5
基价（元）			257.23	234.35	211.79	435.29	387.57	344.49
名称	单位	单价（元）	消耗量					
材料	水泥 42.5	kg	0.33	630.000	538.000	462.000	—	—	—
	白水泥	kg	0.60	—	—	—	630.000	538.000	462.000
	白石屑	kg	0.04	1211.000	1398.000	1416.000	1211.000	1398.000	1461.000
	水	m³	2.95	0.300	0.300	0.300	3.000	3.000	3.000

计量单位：m³

定额编号			77	78	79	80
项目			白水泥白石子浆		白水泥彩色石子浆	
			1：1.5	1：2	1：1.5	1：2
基价（元）			531.29	472.61	577.84	525.18
名称	单位	单价（元）	消耗量			
材料	白水泥	kg	0.60	751.000	636.000	751.000	636.000
	白石子	kg	0.06	1330.000	1502.000	—	—
	彩色石子	kg	0.10	—	—	1330.000	1502.000
	水	m³	2.95	0.300	0.300	0.300	0.300

（3）特种砂浆。

计量单位：m³

定额编号			81	82	83	84
项目			金属屑砂浆		重晶石砂浆	耐热砂浆
			1:0.3:1.5	1:0.2:4	1:2:1	1:1.5
基价（元）			816.85	802.15	551.33	641.34
名称	单位	单价（元）	消耗量			
水泥42.5	kg	0.33	923.000	395.000	454.000	—
矿渣水泥32.5	kg	0.30	—	—	—	778.000
生石灰	kg	0.23	—	112.000	—	—
黄砂（净砂）综合	t	62.50	0.289	—	—	0.459
钢屑（铁屑）	kg	0.33	1494.000	—	—	—
重晶石粉	kg	0.38	—	1697.000	978.000	—
耐火砖末	kg	0.33	—	—	—	1168.000
三氯化铁	kg	1.56	—	—	—	10.000
木醣浆	kg	3.38	—	—	—	1.000
水	m³	2.95	0.400	0.400	0.400	0.400

（材料）

计量单位：m³

定额编号			85	86	87	88
项目			耐碱砂浆		耐油砂浆	不发火砂浆
			1:1		1:2	1:0.44:1.75
基价（元）			485.32	516.26	267.43	690.90
名称	单位	单价（元）	消耗量			
水泥42.5	kg	0.33	798.000	583.000	575.000	—
矿渣水泥32.50	kg	0.30	—	—	—	639.000
黄砂（净砂）综合	t	62.50	—	—	1.224	—
大理石粉	kg	0.34	—	—	—	281.000
大理石砂	kg	0.36	—	—	—	1118.000
生石灰	kg	0.23	960.000	1403.000	—	—
水	m³	2.95	0.400	0.400	0.400	0.400

计量单位：m³

定额编号			89	90	91	92
项目			水泥石英混合砂浆	107胶水泥砂浆	107胶稀水泥浆	水泥石子浆
			1:0.2:1.5	1:6:0.2		1:2.5
基价（元）			272.29	265.94	466.02	224.79
名称	单位	单价（元）	消耗量			
水泥42.5	kg	0.33	485.000	222.000	235.000	462.000
生石灰	kg	0.23	92.400	—	—	—
黄砂（净砂）综合	t	62.50	0.688	1.300	—	—
碎石 综合	t	49.00	—	—	—	1.458
石英砂	kg	0.15	314.000	—	—	—
107胶	kg	2.30	—	48.000	168.000	—
水	m³	2.95	0.300	0.350	0.700	0.300

2. 普通混凝土配合比

(1) 现浇现拌混凝土。

计量单位：m³

定额编号			93	94	95	96	97	98
项目			碎石（最大粒径：16mm）					
			混凝土强度等级					
			C15	C20	C25	C30	C35	C40
基价（元）			200.08	208.32	222.09	233.20	247.54	265.59
名称	单位	单价（元）	消耗量					
材料	水泥 42.5	kg	0.33	268.000	304.000	357.000	408.000	460.000	528.000
	黄砂（净砂）综合	t	62.50	0.873	0.839	0.770	0.655	0.635	0.560
	碎石 综合	t	49.00	1.152	1.121	1.133	1.163	1.131	1.137
	水	m³	2.95	0.215	0.215	0.215	0.215	0.215	0.215

计量单位：m³

定额编号			99	100	101
项目			碎石（最大粒径：16mm）		
			混凝土强度等级		
			C40	C45	C50
基价（元）			264.95	279.18	292.22
名称	单位	单价（元）	消耗量		
材料	水泥 52.5	kg	0.39	430.000	472.000	513.000
	黄砂（净砂）综合	t	62.50	0.645	0.631	0.565
	碎石 综合	t	49.00	1.149	1.123	1.147
	水	m³	2.95	0.215	0.215	0.215

计量单位：m³

定额编号			102	103	104	105	106	107
项目			碎石（最大粒径：20mm）					
			混凝土强度等级					
			C15	C20	C25	C30	C35	C40
基价（元）			196.30	203.41	215.71	226.27	223.64	219.49
名称	单位	单价（元）	消耗量					
材料	水泥 42.5	kg	0.33	250.000	283.000	332.000	380.000	380.000	380.000
	黄砂（净砂）综合	t	62.50	0.891	0.854	0.767	0.670	0.653	0.578
	碎石 综合	t	49.00	1.174	1.144	1.176	1.192	1.160	1.171
	水	m³	2.95	0.200	0.200	0.200	0.200	0.200	0.200

计量单位：m³

定额编号			108	109	110	111
项目			碎石（最大粒径：20mm）			
			混凝土强度等级			
			C40	C45	C50	
基价（元）			256.09	269.10	268.80	281.25
名称	单位	单价（元）	消耗量			
材料	水泥 42.5	kg	0.33	—	538.000	—	—
	水泥 52.5	kg	0.39	401.000	—	439.000	478.000
	黄砂（净砂）综合	t	62.50	0.663	0.561	0.648	0.582
	碎石 综合	t	49.00	1.177	1.141	1.153	1.181
	水	m³	2.95	0.200	0.200	0.200	0.200

计量单位：m³

定额编号			112	113	114	115	116	117
项目			碎石（最大粒径：40mm）					
			混凝土强度等级					
			C10	C15	C20	C25	C30	C35
基价（元）			174.65	183.25	192.94	207.37	216.47	228.68
材料	名称	单位	单价（元）	消耗量				
	水泥 42.5	kg	0.33	162.000	202.000	246.000	300.000	341.000	385.000
	黄砂（净砂）综合	t	62.50	0.989	0.913	0.820	0.747	0.691	0.676
	碎石 综合	t	49.00	1.201	1.204	1.224	1.248	1.229	1.201
	水	m³	2.95	0.180	0.180	0.180	0.180	0.180	0.180

计量单位：m³

定额编号			118	119	120
项目			碎石（最大粒径：40mm）		
			混凝土强度等级		
			C40	C45	C50
基价（元）			243.62	255.58	266.10
材料	名称	单位	单价（元）	消耗量		
	水泥 42.5	kg	0.33	442.000	485.000	—
	水泥 52.5	kg	0.39	—	—	430.000
	黄砂（净砂）综合	t	62.50	0.600	0.587	0.604
	碎石 综合	t	49.00	1.219	1.190	1.227
	水	m³	2.95	0.180	0.180	0.180

（2）现场预制混凝土。

计量单位：m³

定额编号			121	122	123	124	125	126	127
项目			碎石（最大粒径：16mm）						
			混凝土强度等级						
			C15	C20	C25	C30	C35	C40	
基价（元）			196.37	207.38	218.13	240.53	253.61	264.81	273.12
材料	名称	单位	单价（元）	消耗量					
	水泥 42.5	kg	0.33	235.000	282.000	332.000	412.000	463.000	506.000	—
	水泥 52.5	kg	0.39	—	—	—	—	—	—	437.000
	黄砂（净砂）综合	t	62.50	0.958	0.886	0.794	0.730	0.670	0.630	0.700
	碎石 综合	t	49.00	1.190	1.190	1.190	1.190	1.190	1.180	1.190
	水	m³	2.95	0.215	0.215	0.215	0.215	0.215	0.215	0.215

计量单位：m³

定额编号			128	129	130	131	132
项目			碎石（最大粒径：20mm）				
			混凝土强度等级				
			C15	C20	C25	C30	C35
基价（元）			200.89	210.67	221.04	230.38	242.30
材料	名称	单位	单价（元）	消耗量				
	水泥 42.5	kg	0.33	243.000	287.000	330.000	374.000	420.000
	黄砂（净砂）综合	t	62.50	0.942	0.874	0.805	0.730	0.670
	碎石 综合	t	49.00	1.250	1.240	1.250	1.240	1.250
	水	m³	2.95	0.195	0.195	0.195	0.195	0.195

计量单位：m³

定额编号			133	134	135	136	137
项目			碎石（最大粒径：20mm）				
			混凝土强度等级				
			C40		C45		C50
基价（元）			252.97	260.02	265.00	271.01	282.30
名称	单位	单价（元）	消耗量				
材料	水泥 42.5	kg	0.33	458.000	—	505.000	—	—
	水泥 52.5	kg	0.39	—	396.000	—	429.000	464.000
	黄砂（净砂）综合	t	62.50	0.640	0.700	0.600	0.670	0.640
	碎石 综合	t	49.00	1.250	1.250	1.230	1.250	1.240
	水	m³	2.95	0.195	0.195	0.195	0.195	0.195

计量单位：m³

定额编号			138	139	140	141	142
项目			碎石（最大粒径：40mm）				
			混凝土强度等级				
			C15	C20	C25	C30	C35
基价（元）			183.53	196.09	209.96	221.99	233.88
名称	单位	单价（元）	消耗量				
材料	水泥 42.5	kg	0.33	189.000	239.000	292.000	344.000	388.000
	黄砂（净砂）综合	t	62.50	0.903	0.840	0.782	0.700	0.650
	碎石 综合	t	49.00	1.310	1.310	1.310	1.310	1.320
	水	m³	2.95	0.180	0.180	0.180	0.180	0.180

计量单位：m³

定额编号			143	144	145	146	147
项目			碎石（最大粒径：40mm）				
			混凝土强度等级				
			C40		C45		C50
基价（元）			243.55	250.45	254.75	260.04	269.77
名称	单位	单价（元）	消耗量				
材料	水泥 42.5	kg	0.33	423.000	—	466.000	—	—
	水泥 52.5	kg	0.39	—	366.000	—	397.000	428.000
	黄砂（净砂）综合	t	62.50	0.620	0.680	0.580	0.640	0.610
	碎石 综合	t	49.00	1.320	1.320	1.310	1.320	1.310
	水	m³	2.95	0.180	0.180	0.180	0.180	0.180

（3）灌注桩混凝土。

①沉管成孔桩混凝土。

计量单位：m³

定额编号			148	149	150
项目			碎石（最大粒径：40mm）		
			混凝土强度等级		
			C20	C25	C30
基价（元）			215.24	224.18	236.28
名称	单位	单价（元）	消耗量		
材料	水泥 42.5	kg	0.33	307.000	353.000	401.000
	黄砂（净砂）综合	t	62.50	0.794	0.702	0.650
	碎石 综合	t	49.00	1.300	1.290	1.280
	水	m³	2.95	0.205	0.205	0.205

②钻孔桩混凝土（水下混凝土）。

计量单位：m³

定额编号			151	152	153
项目			碎石（最大粒径：40mm）		
			混凝土强度等级		
			C20	C25	C30
基价（元）			223.10	234.63	248.22
	名称	单位	单价（元）	消耗量	
材料	水泥 42.5	kg	0.33	349.000	397.000	449.000
	黄砂（净砂）综合	t	62.50	0.736	0.667	0.610
	碎石 综合	t	49.00	1.250	1.250	1.250
	水	m³	2.95	0.230	0.230	0.230

（4）泵送混凝土。

计量单位：m³

定额编号			154	155	156	157
项目			碎石（最大粒径：16mm）			
			混凝土强度等级			
			C20	C25	C30	C35
基价（元）			223.44	240.48	250.50	264.19
	名称	单位	单价（元）	消耗量		
材料	水泥 42.5	kg	0.33	406.000	451.000	485.000	525.000
	黄砂（净砂）综合	t	62.50	0.675	0.710	0.730	0.730
	碎石 综合	t	49.00	0.950	0.950	0.900	0.910
	水	m³	2.95	0.245	0.245	0.245	0.245

计量单位：m³

定额编号			158	159	160	161	162	163
项目			碎石（最大粒径：20mm）					
			混凝土强度等级					
			C20	C25	C30	C35	C40	C45
基价（元）			218.07	235.43	241.56	257.40	264.94	288.71
	名称	单位	单价（元）	消耗量					
材料	水泥 42.5	kg	0.33	373.000	426.000	445.000	493.000	527.000	—
	水泥 52.5	kg	0.39	—	—	—	—	—	504.000
	黄砂（净砂）综合	t	62.50	0.780	0.770	0.760	0.760	0.670	0.680
	碎石 综合	t	49.00	0.930	0.940	0.950	0.950	0.990	1.000
	水	m³	2.95	0.225	0.225	0.225	0.225	0.220	0.220

计量单位：m³

定额编号			164
项目			碎石（最大粒径：20mm）
			混凝土强度等级
			C50
基价（元）			301.23
	名称	单位	单价（元）	消耗量
材料	水泥 52.5	kg	0.39	540.000
	黄砂（净砂）综合	t	62.50	0.640
	碎石 综合	t	49.00	1.020
	水	m³	2.95	0.220

（5）防水混凝土。

计量单位：m^3

定额编号			165	166	167	168
项目			碎石（最大粒径：20mm）			
			混凝土强度等级			
			C20/P6	C25/P8	C30/P8	C35/P8
基价（元）			224.88	236.68	247.52	253.66
	名称	单位	单价（元）	消耗量		
材料	水泥 42.5	kg	0.33	320.000	362.000	404.000	457.000
	黄砂（净砂）综合	t	62.50	0.936	0.936	0.912	0.750
	碎石　综合	t	49.00	1.228	1.186	1.155	1.130
	水	m^3	2.95	0.205	0.205	0.205	0.205

计量单位：m^3

定额编号			169	170	171	172
项目			碎石（最大粒径：40mm）			
			混凝土强度等级			
			C20/P6	C25/P8	C30/8	C35/8
基价（元）			223.50	228.75	238.08	244.15
	名称	单位	单价（元）	消耗量		
材料	水泥 42.5	kg	0.33	312.000	336.000	375.000	424.000
	黄砂（净砂）综合	t	62.50	0.924	0.864	0.816	0.710
	碎石　综合	t	49.00	1.270	1.292	1.281	1.210
	水	m^3	2.95	0.190	0.190	0.190	0.190

（6）泵送防水混凝土。

计量单位：m^3

定额编号			173	174	175	176
项目			碎石（最大粒径：40mm）			
			混凝土强度等级			
			C20/P6	C25/P8	C30/P8	C35/P8
基价（元）			232.90	250.94	255.66	270.31
	名称	单位	单价（元）	消耗量		
材料	水泥 42.5	kg	0.33	367.000	409.000	451.000	522.000
	黄砂（净砂）综合	t	62.50	0.941	1.062	1.009	0.845
	碎石　综合	t	49.00	1.067	0.998	0.879	0.909
	水	m^3	2.95	0.235	0.235	0.235	0.235

3. 防水材料配合比

计量单位：m^3

定额编号			177	178	179	180
项目			石油沥青玛蹄脂	石油沥青砂浆		冷底子油
				1：2：7	1：0.53：3.12（不发火）	kg
基价（元）			2955.92	1483.81	1827.05	6.66
	名称	单位	单价（元）	消耗量		
材料	石油沥青	kg	3.72	686.000	244.000	408.000	0.320

续表

计量单位：m³

	名称	单位	单价（元）	消耗量			
材料	滑石粉	kg	1.00	404.000	468.000	—	—
	黄砂（净砂）综合	t	62.50	—	1.730	—	—
	碎石 综合	t	49.00	—	—	—	—
	石棉泥	kg	0.67	—	—	219.000	—
	硅藻土粉 生料	kg	0.49	—	—	224.000	—
	白石屑	kg	0.04	—	—	1320.000	—
	汽油（综合）	kg	7.01	—	—	—	0.770

4. 垫层及保温材料配合比

计量单位：m³

定额编号				181	182
项目				灰土	
				1：4	3：7
基价（元）				64.71	80.06
名称	单位	单价（元）		消耗量	
材料	生石灰	kg	0.23	162.000	243.000
	黏土	m³	20.50	1.310	1.150
	水	m³	2.95	0.200	0.200

计量单位：m³

定额编号			183	184	185	186
项目			三合土			
			碎砖		碎石	
			1：3：6	1：4：8	1：3：6	1：4：8
基价（元）			104.45	101.72	136.06	134.38
名称	单位	单价（元）	消耗量			
材料	生石灰	kg	0.23	97.000	74.000	85.000	66.000
	黄砂（净砂）综合	t	62.50	0.836	0.865	0.750	0.764
	碎砖	m³	25.00	1.160	1.190	—	—
	碎石 综合	t	49.00	—	—	1.403	1.440
	水	m³	2.95	0.300	0.300	0.300	0.300

計量单位：m³

定额编号			187	188	189
项目			石灰炉（矿）渣		
			1：3	1：4	1：10
基价（元）			83.32	77.34	53.65
名称	单位	单价（元）	消耗量		
材料	生石灰	kg	0.23	184.000	147.000	55.000
	炉渣	m³	36.14	1.110	1.180	1.110
	水	m³	2.95	0.300	0.300	0.300

计量单位：m³

定额编号			190	191	192	193
项目			炉（矿）渣混凝土			
			CL3.5	CL5.0	CL7.5	CL10
基价（元）			103.66	113.12	127.69	138.77
	名称	单位	单价（元）	消耗量		
材料	水泥 42.5	kg	0.33	92.000	114.000	147.000	174.000
	生石灰	kg	0.23	76.000	95.000	122.000	144.000
	炉渣	m³	36.14	1.520	1.460	1.390	1.310
	水	m³	2.95	0.300	0.300	0.300	0.300

计量单位：m³

定额编号			194	195	196	197	198	199
项目			水泥珍珠岩			水泥蛭石		
			1：8	1：10	1：12	1：8	1：10	1：12
基价（元）			170.03	170.43	172.92	151.46	150.65	151.12
	名称	单位	单价（元）	消耗量				
材料	水泥 42.5	kg	0.33	141.000	120.000	105.000	147.000	124.000	110.000
	膨胀珍珠岩粉	m³	111.00	1.102	1.168	1.235	—	—	—
	膨胀蛭石	m³	89.27	—	—	—	1.140	1.216	1.273
	水	m³	2.95	0.400	0.400	0.400	0.400	0.400	0.400

5. 干混砂浆配合比

（1）砌筑砂浆。

计量单位：m³

定额编号			200	201	202	203	204
项目			强度等级				
			M5.0	M7.5	M10.0	M15.0	M20.0
基价（元）			396.95	405.45	412.25	420.75	429.30
	名称	单位	单价（元）	消耗量				
材料	干混砌筑砂浆 DM5.0	kg	0.23	1700.000	—	—	—	—
	干混砌筑砂浆 DM7.5	kg	0.24	—	1700.000	—	—	—
	干混砌筑砂浆 DM10.0	kg	0.24	—	—	1700.000	—	—
	干混砌筑砂浆 DM15.0	kg	0.25	—	—	—	1700.000	—
	干混砌筑砂浆 DM20.0	kg	0.25	—	—	—	—	1700.000
	水	m³	2.95	0.289	0.289	0.289	0.289	0.306

（2）抹灰砂浆。

计量单位：m³

定额编号			205	206	207	208
项目			强度等级			
			M5.0	M10.0	M15.0	M20.0
基价（元）			397.03	405.53	412.33	420.90
	名称	单位	单价（元）	消耗量		
材料	干混砌筑砂浆 DP5.0	kg	0.23	1700.000	—	—	—
	干混砌筑砂浆 DP10.0	kg	0.24	—	1700.000	—	—
	干混砌筑砂浆 DP15.0	kg	0.24	—	—	1700.000	—
	干混砌筑砂浆 DP20.0	kg	0.25	—	—	—	1700.000
	水	m³	2.95	0.315	0.315	0.315	0.340

（3）地面砂浆。

计量单位：m³

定额编号			209	210	211
项目			强度等级		
			M15.0	M20.0	M25.0
基价（元）			424.25	433.00	441.80
	名称	单位	单价（元）	消耗量		
材料	干混砌筑砂浆 DS15.0	kg	0.24	1750.000	—	—
	干混砌筑砂浆 DS20.0	kg	0.25	—	1750.000	—
	干混砌筑砂浆 DS25.0	kg	0.25	—	—	1750.000
	水	m³	2.95	0.254	0.254	0.271

附录 7 案例图纸

某某公司绿化工程

绿化施工图

浙江某某建筑设计有限公司

二〇一四年九月

浙江某某建筑设计有限公司
图纸目录

专业 园林 第 1 页共 1 页

工程名称	某某公司绿化景观工程		工程编号	
项目名称			项目编号	

序号	图号	图名	规格	备注
1	LS-01	图纸目录	A4	
2	LS-02	设计说明、苗木表	A4	
3	LS-03	绿化平面图	A4	
4	LS-04	园路、步石剖面图	A4	
5	LS-05	汀步、亲水平台剖面图	A4	
6				
7				
8				
9				
10				
11				
12				
13				
14				
15				
16				
17				
18				
19				
20				
21				
22				

项目负责 _____ 专业负责 _____

校 对 _____ 制 表 人 _____ 完成日期：2014 年 9 月 __日

暖通	给排水 电气	建筑 结构

种植说明：

一、苗木表中所列的规格为最低标准，进场苗木实际规格上不应低于该标准，但是可以根据现场的实际施工情况和所成景观的实际效果，在苗圃能提供的苗木规格的前提下，适当调整苗木规格和种植密度，
调整的内容必须经甲方和设计方同意方可实施。
二、重点苗木要求树形优美，移栽时只能疏枝，不能截枝，保持应有的树冠骨架。
三、树木在进行栽植时要注意高矮搭配、疏密相间，做到自然协调。
四、某些乔木要控制分枝点(分枝点是指苗木从地面到第一分枝点的主干高度)，尤其庭荫树，花卉及某些灌木规格控制苗龄，苗龄指苗木的实际生长年龄。
五、苗木栽植的具体要求：
(一)选苗标准
1.选经移栽过的苗，栽植施工后成活率高，成型快。
2.根系发达、完整、主根短直，有较多侧根须根，起苗后大根无劈裂。
3.苗木粗壮、通直(藤本除外)，有一定的适合高度、不徒长。
4.主侧枝分布均匀，树冠丰满。
5.大乔木需带蓬种植，切忌"杀头"处理，乔木需要去顶梢的，需要保留4~5个分枝，枝长度不小于50cm。
6.无病虫害和机械损伤。
7.特殊苗木的选择需设计人员的参与。
(二)土壤要求
1.根据设计标高，翻整土地，翻土深度在30cm以上，并同时清除杂物(包括建筑垃圾和各种生活垃圾)，栽植地层岩层、坚土、重黏土等不透气土层或排水不良、不透气的废基，栽乔木按1.2m、宽1m，灌木按深0.6m范围予以清理。平整后的场地不应的低洼积水处。栽植宜选择肥沃、疏松、透气、排水良好的栽培土。pH值应控制在6.5~7.5之间，对喜酸性的树木pH值应控制在5~6.5之间。
2.栽植土有效土层下方如有不透气废基，应打碎或钻通，使上下通气透水。
(三)苗1木栽植
1.挖穴规格必须严格要求，种植穴直径应比苗土球大40~100cm，加深20~40cm。
2.乔木坑槽的有效土层至少为100cm，灌木为60cm，地被为30cm。
3.植物种植时应考虑景观的整体性，讲究艺术性与生态性，注重立面空间构图，高低层次及色彩搭配。色叶花灌木采用密集性种植方式。适应整形修剪。
为达到最佳植物景致空间景观效果，在现场定位、放样并同时考虑苗木的增加和删减。如苗木达不到要求规格时，应增加苗木数量。对于一时难以采购到的苗木，经设计方许可后方可用色彩、造型相近的苗木替换。
4.各项栽植工序应密切衔接，做到随挖、随运、随种、随养护。树木起掘后，不得曝晒或失水，若不能及时种植，应采取保护措施，如覆盖、假植等。栽植时可结合施用基人字形、扁担形或单柱支撑，支撑要牢固。支撑下埋深度，可按树种规格和土质定，严禁打穿土球或损伤根盘。栽植时应选丰满完整的植株，并注意主要观赏面。孤植树木更应注意冠幅的完整。
5.凡穿越绿地的管线，如遇植乔木处，应埋深1.5m以下，若无法埋深，则应设计时，以保证管线安全，并利于栽种和植物生长。
6.苗木移植时应按规范要求带足泥球，尤其是在大树移植时应严格遵循有关规范操作。
7.栽植时应去掉苗圃包装时所用的非生物降解的材料(塑料或草绳等)，除特殊要求外，树木土球上部应与地面平或略高(最高不超过50mm)，使 根部不易积水，免受病害和烂根。
8.回填土时应分层灌水，以助于土壤夯实，注意不要夯实或浇完植物后压实土壤，否则土壤结构会受到破坏，影响植物生长。
9.新栽植树木根据不同树种和立地条件及气候情况，进行适时适量的灌溉，保持土壤防治病虫害，可参照《园林植物养护管理技术规格》(DB33/T 1009.6—2001)执行。
10.栽植后，乔木和大灌木均应用支架加固并用草绳或麻布卷干，一次浇足水。
11.绿化种植施工完毕后，应立即清理施工现场四周的施工杂物，维护施工中因不慎破坏的道路设施，保证道路及施工现场整洁，体现文明施工，后进行日常的护养管理，锄草、修剪、病虫害防治、施肥等。

苗木表

序号	图例	名称	规格	单位	数量	备注
1		大香樟	φ10 H350 P250	株	4	
		小香樟	φ8 H280 P180	株	16	
2		杜英	φ8 H280 P180	株	14	
3		合欢	φ12 H350 P250	株	1	
4		垂柳	φ10 H350 P250	株	9	
5		桂花	H270P200	株	10	金桂丛生
		桂花	H330P250	株	8	金桂丛生
6		红枫	d6H180 P150	株	22	
7		杜鹃	H30P30	m²	35	25株/m²,片植
8		白慕大		m²	430	草皮

单位出图专用章盖章	个人执业专用章盖章	浙江××建筑设计有限公司 风景园林工程设计专项乙级 A233002××4			工程名称	××公司绿化工程	
					项目名称		
		审定	张×	审核	赵×	图名	设计说明、苗木表
		设计总负责	李×	设计	钱×		
		专业负责	李×	制图	钱×	工程号	项目号
	未盖章无效	校对	王×	设计阶段		图号 LS—02	设计日期

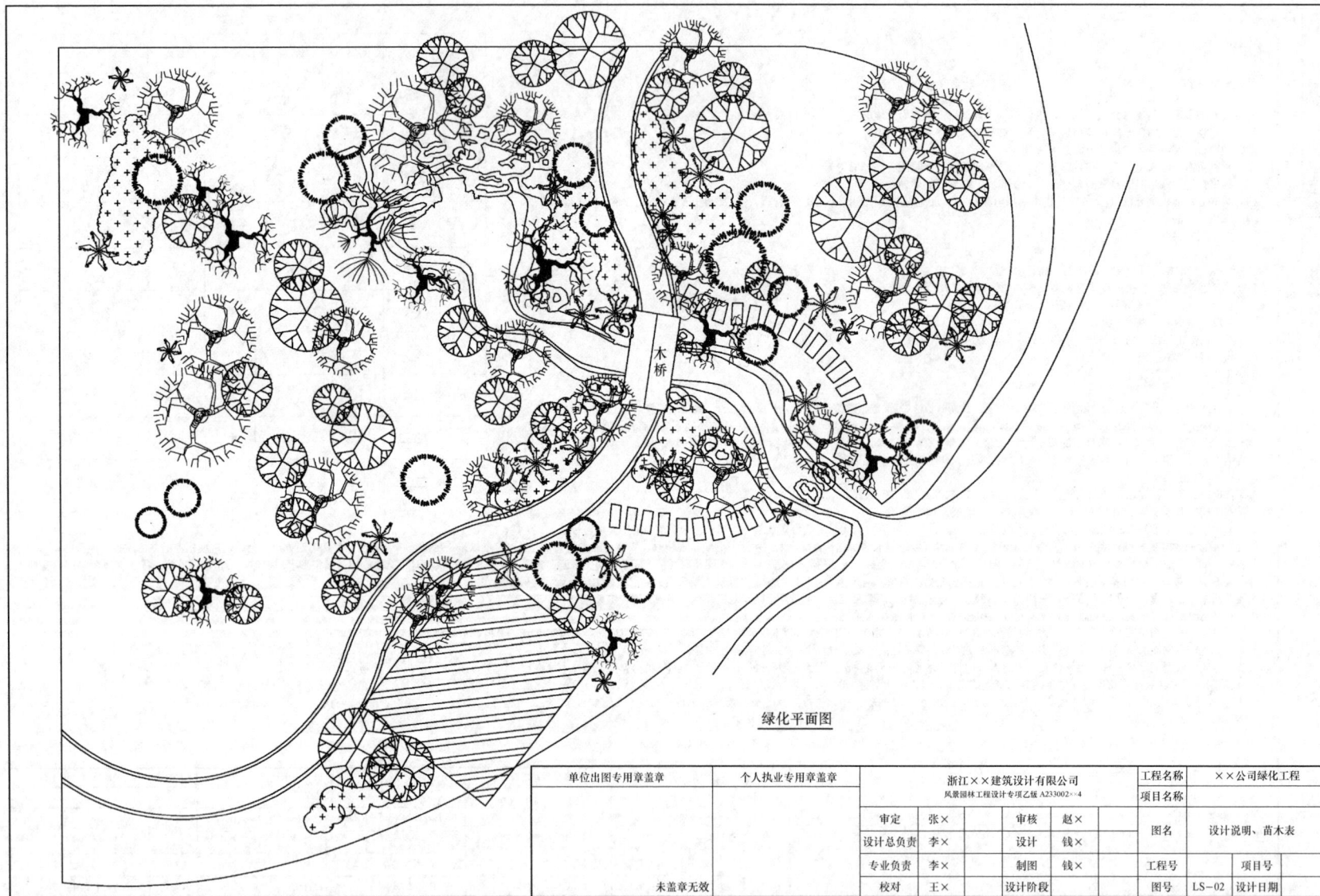

绿化平面图

单位出图专用章盖章	个人执业专用章盖章	浙江××建筑设计有限公司		工程名称	××公司绿化工程
		风景园林工程设计专项乙级 A233002××-4		项目名称	
		审定	张×	审核	赵×	图名	设计说明、苗木表
		设计总负责	李×	设计	钱×		
		专业负责	李×	制图	钱×	工程号	项目号
未盖章无效		校对	王×	设计阶段		图号	LS-02	设计日期

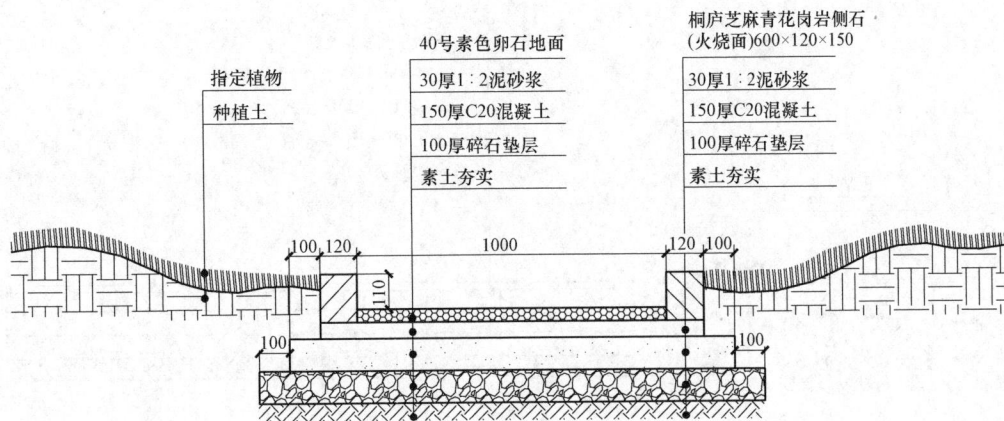

桐庐芝麻青花岗岩侧石
(火烧面)600×120×150

40号素色卵石地面

指定植物

种植土

30厚1∶2泥砂浆
150厚C20混凝土
100厚碎石垫层
素土夯实

30厚1∶2泥砂浆
150厚C20混凝土
100厚碎石垫层
素土夯实

100 120   1000   120 100

110

100   100

Ⓐ 园路剖面图

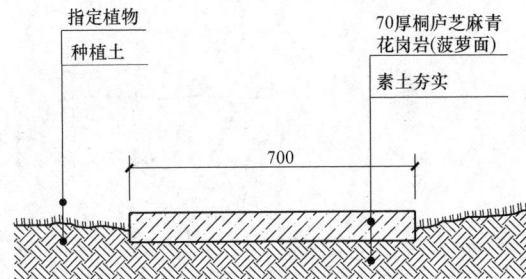

指定植物

种植土

70厚桐庐芝麻青
花岗岩(菠萝面)

素土夯实

700

Ⓑ 步石剖面图

单位出图专用章盖章		个人执业专用章盖章	浙江××建筑设计有限公司 风景园林工程设计专项乙级 A233002××4				工程名称	××公司绿化工程	
			审定	张×	审核	赵×	项目名称		
			设计总负责	李×	设计	钱×	图名	设计说明、苗木表	
			专业负责	李×	制图	钱×	工程号		项目号
		未盖章无效	校对	王×	设计阶段		图号	LS−02	设计日期

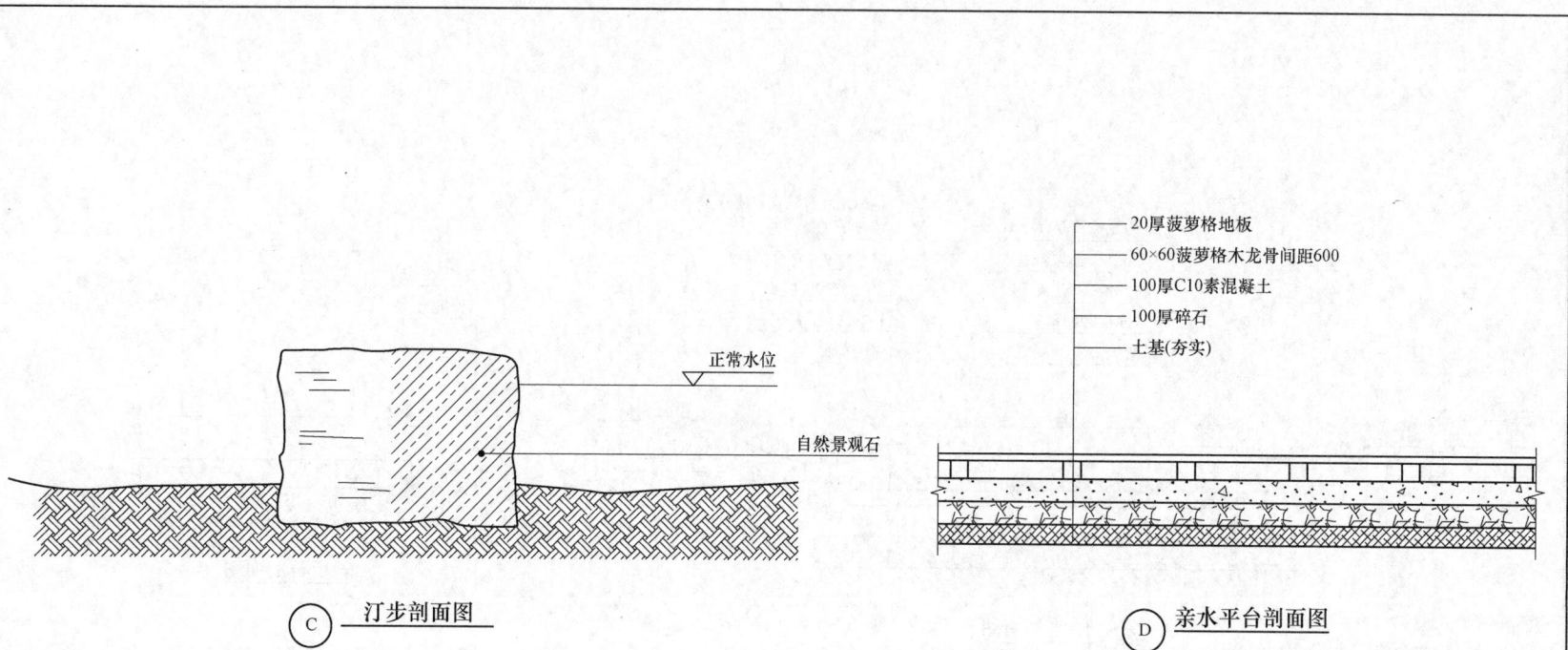

- 20厚菠萝格地板
- 60×60菠萝格木龙骨间距600
- 100厚C10素混凝土
- 100厚碎石
- 土基(夯实)

正常水位

自然景观石

Ⓒ 汀步剖面图

Ⓓ 亲水平台剖面图

单位出图专用章盖章	个人执业专用章盖章	浙江××建筑设计有限公司 风景园林工程设计专项乙级 A233002××4				工程名称	××公司绿化工程	
						项目名称		
		审定	张×	审核	赵×	图名	设计说明、苗木表	
		设计总负责	李×	设计	钱×			
		专业负责	李×	制图	钱×	工程号		项目号
未盖章无效		校对	王×	设计阶段		图号	LS−05	设计日期

附录8 综合解释及补充规定

1. 浙江省建设工程2010版计价依据综合解释（园林部分）

浙江省建设工程2010版计价依据综合解释（一）
浙建站计〔2012〕19号

1. 对只能以地径计算的乔木，其种植养护如何套用定额？

答：对只能以地径计算的乔木，除定额已有规定外，裸根种植时，先以其地径乘系数0.88换算成胸径，再按换算后的胸径套用相应种植定额；养护时，按换算后的胸径套用相应养护定额。

2. 水生植物定额只考虑在有水的塘中种植，干塘种植如何计算？

答：水生植物干塘种植套用相应灌木、花卉定额。

3. 园林工程中整理路床定额的工程量如何计算？

答：园路基层项目中整理路床定额的工程量按以下公式计算：

$$S = L \times (B + 2 \times 0.5)$$

式中 S——整理路床工程量（m^2）；

L——路面长（m）；

B——路面宽（包括侧石）（m）；

2×0.5——路面宽每边各加0.50（m）。

4. 园林定额第二章说明第四条，园路铺卵石面层定额，水泥砂浆厚度按2.5cm编制，设计厚度与定额不同时如何换算？

答：园路铺卵石面层，定额说明水泥砂浆厚度按2.5cm编制，是指卵石层以下部分水泥砂浆的厚度为2.5cm，2.5cm厚度对应的水泥砂浆定额含量为0.275m^3/10cm^2，设计水泥砂浆厚度与定额不同时，水泥砂浆含量按厚度比例换算。

5. 园林定额第十章石作工程中，垂带的工程量如何计算？

答：垂带制作、安装工程量按设计图示的斜面积计算，垂带侧面部分不展开。

浙江省建设工程2010版计价依据综合解释（二）
浙建站计〔2013〕18号

1. 定额编号1-308散播是指什么？

答：该定额名称有误，"散播"应更正为"散铺"，同时将本页附注中的"散播"更正为"散铺"。

2. 关于《浙江省建设工程施工费用定额》有关费用项目和费率调整的通知

关于《浙江省建设工程施工费用定额》有关
费用项目和费率调整的通知
浙建站计〔2013〕64号

各市造价管理站（处、办），义乌市造价站，各有关单位：

根据浙江省住房和城乡建设厅《关于贯彻〈建设工程工程量清单计价规范〉（GB 50500—2013）等国家标准的通知》（建建发〔2013〕273号）精神，结合《建筑安装工程费用项目组成》（建标〔2013〕44号）（以下简称"费用项目组成"）及《浙江省建筑施工安全标准化管理规定》（浙建建〔2012〕54号）等文件的具体要求，现对2010版《浙江省建设工程施工费用定额》的费用项目和费率做如下调整：

一、在施工组织措施费项目中增加工程定位复测费项目和特殊地区增加费项目

1. 工程定位复测费是指工程施工过程中进行全部施工测量放线和复测工作的费用；特殊地区施工增加费是指工程在沙漠或其边缘地区、高海拔、高寒、原始森林等特殊地区施工增加的费用。

2. 工程定位复测费和特殊地区增加费的费率计算见下表：

项目名称	计算基数	费率（%）		
		下限	中值	上限
工程定位复测费	人工费+机械费	0.03	0.04	0.05
特殊地区增加费	人工费+机械费	按实际发生计算		

二、关于检验试验费的调整

1. 将施工组织措施费中的检验试验费按"费用项目组成"的内容和要求并

入企业管理费，施工组织措施费中不再计算检验试验费。

2. 检验试验费是指施工企业按照有关标准规定，对建筑以及材料、构件和建筑安装物进行一般鉴定、检查所发生的费用，包括自设试验室进行试验所耗用的材料等费用。不包括新结构、新材料的试验费，对构件做破坏性试验及其他特殊要求检验试验的费用和建设单位委托检测机构进行检测的费用，对此类检测发生的费用，由建设单位在工程建设其他费用中列支。但对施工企业提供的具有合格证明的材料进行检测不合格的，该检测费用由施工企业支付。

三、对 2010 版《浙江省建设工程施工费用定额》有关费率做如下调整

1. 各专业工程的"安全文明施工费"按相应专业费率乘系数 1.7；"企业管理费"按相应专业费率乘系数 1.30；其他费率暂不作调整。

2. 调整后的安全文明施工费已包括施工现场消防要求及扬尘处理等发生的费用；调整后的企业管理费已包括检验试验费、办公软件、现场监控、集体取暖降温（包括现场临时宿舍取暖降温）所发生的费用和企业为施工生产筹集资金或提供预付款担保、履约担保、职工工资支付担保等所发生的财务费等。

四、其他有关调整和说明

1. 根据"费用项目组成"的要求，将"意外伤害保险费"从"规费"调整为"企业管理费"，调整后的意外伤害保险费暂不并入"企业管理费"内，在建设工程费用计算程序表中的规费之后单独列项。

2. 除上述规定外，建设工程施工取费仍按 2010 版《浙江省建设工程施工费用定额》规定执行。

3. 建设工程概算费率中的综合费用费率乘系数 1.18，其他不变。

4. 本通知自 2014 年 1 月 1 日起施行，已在建的工程按原合同约定办理。

二〇一三年十二月十六日

3. 关于建设工程部分施工费用费率调整的通知（温住建发〔2014〕100 号）

各县（市、区、市级功能区）住建局（规划建设局）、市政园林局（市政环保局、城管办）：

根据浙江省住房和城乡建设厅《关于贯彻〈建设工程工程量清单计价规范〉（GB 50500—2013）等国家标准的通知》（建建发〔2013〕273 号）和浙江省建设工程造价管理总站《关于〈浙江省建设工程施工费用定额〉有关费用项目和费率调整的通知》（浙建站计〔2013〕64 号）的精神，结合我市实际，对本市实施

的 2010 版《浙江省建设工程施工费用定额》的费用项目和费率作如下调整：

一、在施工组织措施费项目中增加工程定位复测费项目和特殊地区增加费项目

1. 工程定位复测费是指工程施工过程中进行全部施工测量放线和复测工作的费用；特殊地区施工增加费是指工程在沙漠或其边缘地区、高海拔、高寒、原始森林等特殊地区施工增加的费用。

2. 工程定位复测费和特殊地区增加费的费率计算如下表：

项目名称	计算基础	费率（%）		
		下限	中值	上限
工程定位复测费	人工费＋机械费	0.03	0.04	0.05
特殊地区增加费	人工费＋机械费	按实际发生计算		

二、关于检验试验费的调整

1. 将施工组织措施费中的检验试验费按"费用项目组成"的内容和要求并入企业管理费，施工组织措施费中不再计算检验试验费。

2. 检验试验费是指施工企业按照有关标准规定，对建筑以及材料、构件和建筑安装物进行一般鉴定、检查所发生的费用，包括自设试验室进行试验所耗用的材料等费用。不包括新结构、新材料的试验费，对构件做破坏性试验及其他特殊要求检验试验的费用和建设单位委托检测机构进行检测的费用，对此类检测发生的费用，由建设单位在工程建设其他费用中列支。但对施工企业提供的具有合格证明的材料进行检测不合格的，该检测费用由施工企业支付。

三、关于企业管理费的调整

1. 企业管理费按 2010 版取费定额相应费率乘系数 1.30。

2. 调整后的企业管理费已包括检验试验费、办公软件、现场监控、集体取暖降温（包括现场临时宿舍取暖降温）所发生的费用和企业为施工生产筹集资金或提供预付款担保、履约担保、职工工资支付担保等所发生的财务费等。

3. 本市原单列计取的职工教育经费已包含在企业管理费内，不再单独计列。但企业仍应按人工费加机械费的 2% 提取职工教育经费，专款专用，其中 50% 专项用于民工培训。

4. 意外伤害保险费暂不并入企业管理费，在规费之后单独列项，在编制招标控制价和投标价时由业主和投标单位自行考虑。具体费率可参考下表：

项目名称	计算基数	费率（%）
民工意外伤害保险费	人工费＋机械费	1.0

四、关于安全文明施工费和规费的调整

1. 安全文明施工费按不低于 2010 版取费定额相应费率上限乘 1.7 系数计取，其中工程费用低于 2000 万元的建筑安装和市政工程（专业工程单独发包除外）按不低于 2010 版取费定额相应费率上限乘 1.9 系数计取。

2. 建设单位、设计单位在编制工程概（预）算时，应按 2010 版浙江省计价依据和本通知规定足额计取安全文明施工费，并在招标控制价中提供具体金额，投标报价时安全文明施工费金额不得低于招标控制价相应金额。

3. 安全文明施工费的使用范围和管理规定仍按《转发〈企业安全生产费用提取和使用管理办法〉的通知》（温住建发〔2012〕190 号）执行。

4. 打桩场地硬化按技术措施费另列项目计算，工程量计算规则按场地硬化面积计算。

5. 分包工程的安全文明施工费由总包单位统一计取，并在分包合同中约定总分包单位各自负责的安全生产费用项目和支付给分包单位的比例。

6. 调整民工工伤保险费费率，"民工工伤保险费"按下表费率计入规费。

项目名称	计算基数	费率（%）
民工工伤保险费	人工费＋机械费	0.9

五、其他有关调整和说明

1. 除上述规定外，建设工程施工取费仍按 2010 版《浙江省建设工程施工费用定额》规定执行。

2. 建设工程概算费率中的综合费用费率乘系数 1.18，其他不变；温住建发〔2013〕114 号文中概算综合费率停止使用，计算程序按 2010 版施工取费定额。

3. 本通知自 2014 年 5 月 1 日起施行，已发布招标文件的或已经签订合同的工程仍按原约定执行。

4. 在贯彻使用中遇到的问题请及时向市建设工程造价管理处反映。

附件：建设工程费用计算程序表

温州市住房和城乡建设委员会
2014 年 4 月 9 日

（一）综合单价法计算程序表

序号	费用项目		计算方法
一	工程量清单分部分项工程费		Σ（分部分项工程量×综合单价）
	其中	1. 人工费＋机械费	Σ分部分项（人工费＋机械费）
二	措施项目费		
		（一）施工技术措施项目费	按综合单价
	其中	2. 人工费＋机械费	Σ措施项目（人工费＋机械费）
		（二）施工组织措施项目费	按项计算
	其中	3. 安全文明施工费	（1+2）×费率
		4. 夜间施工增加费	
		5. 提前竣工增加费	
		6. 二次搬运费	
		7. 已完工程及设备保护费	
		8. 冬雨季施工增加费	
		9. 行车、行人干扰增加费	
		10. 工程定位复测费	
		11. 特殊地区增加费	结合工程实际计算
		12. 其他施工组织措施费	按相关规定计算
三	其他项目费		按工程量清单计价要求计算
四	规费		13+14
		13. 排污费、社保费、公积金	（1+2）×费率
		14. 民工工伤保险费	（1+2）×费率
五	意外伤害保险费		（1+2）×费率
六	税金		（一+二+三+四+五）×费率
七	建设工程总造价		一+二+三+四+五+六

（二）工料单价法计算程序表

续表

序号	费用项目		计算方法
一	预算定额分部分项工程费		
	其中	1. 人工费＋机械费	∑（定额人工费＋定额机械费）
二	施工组织措施费		
	其中	2. 安全文明施工费	1×费率
		3. 夜间施工增加费	
		4. 提前竣工增加费	
		5. 二次搬运费	
		6. 已完工程及设备保护费	
		7. 冬雨季施工增加费	
		8. 行车、行人干扰增加费	
		9. 工程定位复测费	
		10. 特殊地区增加费	结合工程实际计算
		11. 其他施工组织措施费	按相关规定计算
三	企业管理费		1×费率
四	利润		

序号	费用项目	计算方法
五	规费	12＋13
	12. 排污费、社保费、公积金	1×费率
	13. 民工工伤保险费	1×费率
六	意外伤害保险费	1×费率
七	总承包服务费	
	14. 总承包管理、协调费	
	15. 总承包管理、协调和服务费	
	16. 甲供材料、设备管理服务费	
八	风险费	（一＋二＋三＋四＋五＋六＋七）×费率
九	暂列金额	（一＋二＋三＋四＋五＋六＋七＋八）×费率
十	税金	（一＋二＋三＋四＋五＋六＋七＋八＋九）×费率
十一	建设工程总造价	一＋二＋三＋四＋五＋六＋七＋八＋九＋十

4. 建设工程工程量清单计价规范（2013）浙江省补充规定

转发关于印发《建设工程工程量清单计价规范》（2013）
浙江省补充规定的通知
温建价〔2014〕4号

各有关单位：

现将省建设工程造价管理总站《关于印发建设工程工程量清单计价规范（2013）浙江省补充规定的通知》（浙建站计〔2013〕63号）文件转发给你们，请认真贯彻执行。

浙江省补充规定与2013版建设工程计价计量规范配套使用，我市从2014年2月1日开始执行，原已经发布的招标文件或已经签订的合同仍按原来约定的执行。

附件：关于印发《建设工程工程量清单计价规范》（2013）浙江省补充规定的通知

温州市建设工程造价管理处
2014年1月9日

关于印发《建设工程工程量清单计价规范》（2013）浙江省补充规定的通知

浙建站计〔2013〕63号

各市造价管理站（处、办），义乌市造价站，各有关单位：

根据省住房和城乡建设厅《关于贯彻〈建设工程工程量清单计价规范〉（GB 50500—2013）等国家标准的通知》（建建发〔2013〕273号）的要求，为结合本省实际，稳妥做好《规范》贯彻实施工作，本站编制了《〈建设工程工程量清单计价规范〉（2013）浙江省补充规定》，现将补充规定印发给你们，请参照执行。

附件：《建设工程工程量清单计价规范》（2013）浙江省补充规定

浙江省建设工程造价管理总站
二〇一三年十二月十六

附件：

《建设工程工程量清单计价规范》（2013）浙江省补充规定——
《园林绿化工程工程量计算规范》（GB 50858—2013）

（一）分部分项工程补充项目

项目编码	项目名称	项目特征	计量单位	工程量计算规则	工作内容
Z050304001	木花架椽	1. 木材种类 2. 花架椽截面 3. 防护材料种类	m³	按设计图示截面乘长度以体积计算	1. 构件制作、运输、安装 2. 刷防护材料、油漆
Z050305001	塑壁画	1. 壁画的长度、宽度 2. 砂浆强度等级、配合比	m²	按设计图示水平投影外接矩形面积以平方米计算	1. 调运砂浆 2. 砂浆找平 3. 塑面层 4. 清理、养护
Z050305002	水磨石木纹板	1. 木纹板长度、宽度、厚度 2. 砂浆强度等级、配合比			
Z050305003	非水磨石原色木纹板	1. 原色木纹板长度、宽度、厚度 2. 砂浆强度等级、配合比			
Z050305004	白色水磨—石企条	1. 企条长度、宽度、厚度 2. 砂浆强度等级、配合比			
Z050306001	水泵保护罩	1. 钢材品种、规格 2. 保护罩规格、尺寸	个	按设计图示数量计算	1. 保护罩制作、安装 2. 刷防护涂料

（二）措施项目补充项目

项目编码	项目名称	工作内容及包含范围
Z50405009	提前竣工措施	因缩短工期要求增加的施工措施，包括夜间施工、周转材料加大投入量等
Z50405010	行车、行人干扰	指道路绿化边施工边维持通车增加措施
Z50405011	工程定位复测	工程施工过程中进行全部施工测量放线和复测
Z50405012	特殊地区施工增加措施	工程在沙漠或其边缘地区、高海拔、高寒、原始森林等特殊地区施工增加的措施
Z50405013	优质工程增加措施	施工企业在生产合格建筑产品的基础上，为生产优质工程而增加的措施

5. 浙江省园林工程预算定额（2010 版）勘误表

页码	部位内容	错误	正确
上册			
101	最后一行	取消"水泵网如用不锈钢……价格换算。"	
133	说明第6点最后	……套用挖土方定额。	……套用建筑工程相应定额。
162	4-108 子目	预应力钢筋混凝土管桩规格"φ400"改为"φ500"，相应管桩单价、材料费、基价分别改为"126.50、12890.04、14192"	
197	工作内容	取消"二遍剁斧"	
198	倒数第七行	取消"混凝土垫层套用无筋混凝土基础定额。"	
245	下面一个表格表头	斗口规格旁边增加"（cm）"	
273	7-118、7-119 表头	m	mm
下册			
4	8-1 子目：杉原木消耗量；基价、材料费	14.176；34460、17806.47	14.189；34476、17822.72
48	8-196 子目	杉板枋材改为"硬木枋材"，相应硬木枋材单价、材料费、基价分别改为"3600、144、942"	
48	8-197 子目	杉板枋材改为"硬木枋材"，相应硬木枋材单价、材料费、基价分别改为"3600、828、2162"	
39	8-155~8-157 子目：项目名称	九踩单翘单昂斗栱	九踩平座斗栱
236	11-127 子目	消耗量中的负数改为括号内数，材料费、基价改为"29.61、46"	
236	11-128 子目	消耗量中的负数改为括号内数，材料费、基价改为"49.45、103"	

6. 关于规范建设工程安全文明施工费计取的通知

关于规范建设工程安全文明施工费计取的通知

建建发〔2015〕517 号

各市建委（建设局）、发改委、财政局、宁波市城市管理局，绍兴市建管局：

为进一步提高建筑工地安全文明管理水平，加强施工现场扬尘污染控制和治理，促进城市大气环境质量的改善，根据《浙江省建设工程造价管理办法》（省政府令 296 号）、住房城乡建设部《关于转发财政部、安全监管总局〈企业安全生产费用提取和使用管理办法〉的通知》（建质〔2012〕32 号）的有关规定以及浙江省人大常委会《关于全省大气污染防治工作情况报告的审议意见》，现对建设工程安全文明施工费计取规定如下：

一、调整安全文明施工费费用组成及费率标准。在《浙江省建设工程施工费用定额》（2010 版）中安全文明施工费（以下简称"基本费"）的基础上增加施工扬尘污染防治增加费、创安全文明施工标准化工地增加费（以下简称"创标化工地增加费"），基本费、施工扬尘污染防治增加费和创标化工地增加费三项费用合并为安全文明施工费。

安全文明施工费的基本费、施工扬尘污染防治增加费和创标化工地增加费等三项费率调整表详见附件 1。

（一）施工扬尘污染防治增加费

1. 建设工程施工扬尘污染防治费是指按大气污染防治和城市建筑工地、道路扬尘的管理要求，对施工现场扬尘污染防治及治理所需的费用。

2. 建设工程扬尘污染防治费的基本内容已经包含在基本费中，对因扬尘管理要求提高所需增加的费用作为扬尘污染防治增加费进行计取，费用明细详见附件 2。

（二）创标化工地增加费

1. 标化工地施工费的基本内容已经包含在基本费中，但获得国家、省、市安全文明施工标准化工地的，应计算创标化工地增加费。

2. 招标文件中对招标工程有创建国家、省、设区市级安全文明施工标准化工地要求的，编制招标控制价和投标报价时应按照相关标准暂计创标化工地增加费，在其他项目清单中按照暂列金额单独列项。

3. 合同约定有创国家、省、设区市级安全文明施工标准化工地要求而实际未创建的，不计算创标化工地增加费；实际创标化工地等级要求与合同约定不符的，可按实际创标化工地等级相应费率标准的 75%～100% 计算创标化工地增加费。

二、依法进行工程招标的项目，招标人编制招标控制价时，应根据工程实际，并结合现行安全文明施工相关规范、标准等的具体要求确定安全文明施工费的基本费和扬尘污染防治增加费，按本通知中公布费率的中值或基准费率编制，并随招标文件公布。

投标人的投标报价不得低于本通知中公布费率的下限，或基准费率的 90% 竞价。

三、施工合同中对安全文明施工费的基本费、扬尘污染防治增加费的预付、支付计划未做约定或约定不明的，合同工期在一年以内的，建设单位预付费用不得低于该费用总额的 50%；合同工期在一年以上的（含一年），预付费用不得低于该费用总额的 30%，其余费用应当按照施工进度支付。

四、建设单位在编制工程概算时，相应费率按《浙江省建设工程施工费用定额》（2010 版）各专业工程的综合费用费率乘系数 1.25，其他不变。

五、各建设单位、施工企业要切实落实安全生产主体责任，抓好安全生产、文明施工的各项工作。建设单位要做到安全费用计取到位、支付到位，施工企业要做到安全投入到位、安全培训到位、基础管理到位、应急救援到位，确保施工安全。

六、《浙江省建设工程施工费用定额》（2010 版）中各专业工程安全文明施工费费率，以及《关于〈浙江省建设工程施工费用定额〉有关费用项目和费率调整的通知》（浙建站计〔2013〕64 号）中关于"各专业工程的安全文明施工费按相应专业费率乘系数 1.7"和"建设工程概算费率中的综合费用费率乘系数 1.18，其他不变"的条款停止使用。

七、本规定自 2016 年 2 月 1 日起执行。在此之前已招标或已签署施工合同的工程仍按原合同约定条款执行。如合同约定可调整的，2016 年 2 月 1 日后发生的工程量可据此调整。

附件：1. 安全文明施工费费率调整表

安全文明施工费费率调整表

序号	工程类别		计算基数	基本费（%）			扬尘污染防治增加费（%）	创标化工地增加费（省级）（%）
				下限	中值	上限		
1	建筑工程							
1.1	其中	非市区工程	人工费＋机械费	10.91	12.13	13.36	1.80	2.62
1.2		市区一般工程		12.87	14.28	15.72	2.00	3.08
1.3		市区临街工程		14.80	16.43	18.06	2.00	3.54
2	安装工程							
2.1	其中	非市区工程	人工费＋机械费	12.08	13.43	14.77	1.80	3.09
2.2		市区一般工程		14.23	15.80	17.39	2.00	3.63
2.3		市区临街工程		16.36	18.18	19.99	2.00	4.18
3	市政工程							
3.1	其中	非市区工程	人工费＋机械费	8.12	9.02	9.92	1.80	2.07
3.2		市区一般工程		9.54	10.61	11.69	2.00	2.44
4	园林绿化及仿古建筑工程							
4.1	其中	非市区工程	人工费＋机械费	7.12	7.90	8.71	0.90	1.82
4.2		市区一般工程		8.38	9.31	10.23	1.00	2.14
4.3		市区临街工程		9.64	10.71	11.78	1.00	2.46
5	人防工程							
5.1	其中	非市区工程	人工费＋机械费	9.29	10.33	11.37	1.80	2.38
5.2		市区一般工程		10.94	12.16	13.37	2.00	2.8
5.3		市区临街工程		12.58	13.98	15.39	2.00	3.22

注 1. 创建国家级标化工地的，按省级相应费率乘以系数 1.2；创建市级标化工地的，按省级相应费率乘以系数 0.85。
2. 单独装饰及专业工程按相应工程的安全文明施工费费率乘以系数 0.6。
3. 建筑设备安装工程和民用建筑或构筑物合并为单位工程的，安装工程的安全文明施工费费率乘以系数 0.7。
4. 单独绿化工程安全文明施工费率乘以系数 0.7。

2. 建设工程扬尘污染防治费明细表

建设工程扬尘污染防治费明细表

序号	项目名称	费用归属
1	现场封闭围挡	基本费
2	场内主要施工道路硬化	基本费
3	场内裸露地面绿化或固化	新增
4	现场配备车辆冲洗设置，出入口车辆冲洗	新增
5	现场冲洗污水有组织排放，设置沉淀池	新增
6	现场集中堆放的土方覆盖或绿化	新增
7	外运土方、渣土运输机械封闭	基本费
8	现场设置固定垃圾存放点	基本费
9	现场水泥及其他粉尘类建筑材料密闭存放或覆盖	基本费
10	现场建立洒水清扫制度或雾化降尘措施	新增
11	建筑垃圾采用封闭方式及时清运	基本费
12	施工现场与城市道路连接的施工道路硬化	按实际计取

注 施工现场与城市道路连接的施工道路硬化，属三通一平范围，是发包人向承包人提供正常施工所需要的进入施工现场的交通条件；如由承包人实施，其费用应按实际发生计取。

7. 转发关于规范建设工程安全文明施工费计取的通知

转发关于规范建设工程安全文明施工费计取的通知

温住建发〔2016〕58 号

各县（市、区、市级功能区）住建局、市政园林局（市政环保局、城管办）、发改局、财政局，各有关单位：

现将省住房和城乡建设厅、省发改委、省财政厅《关于规范建设工程安全文明施工费计取的通知》（建建发〔2015〕517 号）转发给你们，并结合温州实际，提出如下意见，请一并贯彻执行。

一、安全文明施工费的提取和使用仍按关于转发《企业安全生产费用提取和使用管理办法》的通知（温住建发〔2012〕190号）中的规定执行。

二、《关于建设工程部分施工费用费率的调整的通知》（温住建发〔2014〕100号）中以下条款停止使用：

（一）安全文明施工费按不低于2010版取费定额相应费率上限乘1.7系数计取，其中工程费用低于2000万元的建筑安装和市政工程（专业工程单独发包除外）按不低于2010版取费定额相应费率上限乘1.9系数计取；

（二）建设单位、设计单位在编制工程概（预）算时，应按2010版浙江省计价依据和本通知规定足额计取安全文明施工费，并在招标控制价中提供具体金额，投标报价时安全文明施工费金额不得低于招标控制价相应金额；

（三）建设工程概算费率中的综合费用费率乘系数1.18，其他不变。

三、本规定自2016年4月1日起执行，在此之前已发布招标文件或已签署施工合同的工程仍按原招标文件或合同约定条款执行。

温州市住房和城乡建设委员会　温州市发展和改革委员会　温州市财政局
2016年3月11日

台州市住房和城乡建设局台州市发展和改革委员会台州市财政局转发关于规范建设工程安全文明施工费计取的通知
台建转〔2016〕4号

各县（市、区）建设规划局（分局）、发改局、财政局，温岭市建工局，台州湾集聚区建设局，台州经济开发区建设水利局，各有关单位：

现将省住房和城乡建设厅、省发展和改革委员会、省财政厅《关于规范建设工程安全文明施工费计取的通知》（建建发〔2015〕517号）（以下简称《通知》）转发给你们，并提出以下意见，请一并贯彻执行。

一、依法进行工程招标的项目，招标人编制招标控制价时，安全文明施工费基本费、扬尘污染防治增加费及创标化工地增加费的费率按《通知》附件1"安全文明施工费费率调整表"计取，其中创标化工地增加费按招标文件要求的创标化工地目标计取相应费率，在暂列金额中计列。

二、发、承包人签订工程施工合同时，应在合同的专用条款中约定扬尘污染防治增加费及创标化工地增加费的计取标准及支付、结算方法。

各单位在贯彻执行过程中，如遇有问题，请及时与市建设工程造价管理处联系。

市建设局　市发改委　市财政局
2016年2月1日

8. 营改增相关文件

关于建筑业实施营改增后浙江省建设工程计价规则调整的通知
建建发〔2016〕144号

各市建委（建设局）、宁波市发改委、绍兴市建管局：

为适应国家税制改革要求，满足建筑业营业税改征增值税（以下简称"营改增"）后建设工程计价需要，根据财政部、国家税务总局《关于全面推开营业税改征增值税试点的通知》（财税〔2016〕36号）以及住房城乡建设部办公厅《关于做好建筑业营改增建设工程计价依据调整准备工作的通知》（建办标〔2016〕4号）等文件要求，结合我省计价依据体系的实际情况，按照"价税分离"的原则，现就建筑业实施营改增后建设工程计价规则的有关调整工作通知如下：

一、营改增后的工程造价组成

工程造价由税前工程造价、增值税销项税额、地方水利建设基金构成。其中，税前工程造价是由人工费、材料费、施工机械使用费、管理费、利润和规费等各费用项目组成，各费用项目均不包含增值税进项税额。

二、营改增后有关要素价格的调整

（一）材料价格：包括材料供应价、运杂费、采购保管费等，其中材料供应价、运杂费、采购保管费均按增值税下不含进项税额的价格或费用确定。

（二）施工机械台班单价：包括台班折旧费、大修理费、经常修理费、安拆费及场外运费、机上人工费、燃料动力费和其他费用等，其中台班折旧费、大修理费、经常修理费及燃料动力费等均按增值税下不含进项税额的价格或费用确定。

（三）企业管理费及施工组织措施费：均按增值税下不含进项税额的价格或费用确定，企业管理费的组成内容增加城市维护建设税、教育费附加以及地方教育附加。

（四）税金：税金由增值税销项税额和地方水利建设基金构成。其中：

1. 增值税销项税额＝税前工程造价×11%。
2. 地方水利建设基金＝税前工程造价×1‰。

三、营改增后工程计价的有关规定

（一）编制招标控制价使用 2010 版计价依据时，取费基数保持不变。计算税金时，定额基期有关价格要素中的进项税额可按以下方法扣除，建设工程施工取费调整由省建设工程造价管理总站测算公布。

1. 定额中以"元"为单位出现的其他材料费、摊销材料费、其他机械费等乘以调整系数 0.93。

2. 施工机械台班单价在扣除机上人工费和燃料动力费后乘以调整系数 0.95。

3. 目前尚未发布信息价的材料按基期价格统一乘以调整系数 0.93。

（二）工程量清单编制时，其他项目清单中的材料（设备）暂估价应为除税单价，专业工程暂估价应为营改增后不含进项税额的税前工程造价。

四、营改增后，各级建设工程造价管理机构应发布满足营改增计价需要的价格要素信息价。

五、本通知中的计价规则调整办法适用于采用一般计税方法的建设工程。对符合财税〔2016〕36 号文件中采用简易计税方法要求的工程项目，可按原合同约定或营改增前的计价依据执行，并执行财税部门的有关规定。

六、本通知自发文之日起执行。

浙江省住房和城乡建设厅
2016 年 4 月 18 日

关于发布营改增后浙江省建设工程施工取费费率的通知

浙建站定〔2016〕23 号

各有关单位：

根据浙江省住房和城乡建设厅《关于建筑业实施营改增后浙江省建设工程计价规则调整的通知》（建建发〔2016〕144 号）精神，结合《浙江省建设工程施工费用定额》（2010 版）的规定，经测算，现对营改增后浙江省建设工程施工取费费率予以公布，并做如下说明：

一、工程造价由税前工程造价、增值税销项税额、地方水利建设基金构成。其中，税前工程造价由人工费、材料费、施工机械使用费、管理费、利润和规费等费用构成，各费用项目均不包含增值税进项税额。

二、建设工程费用计算的有关规定

1. 安全文明施工费已包括了《关于规范建设工程安全文明施工费计取的通知》（建建发〔2015〕517 号）中的安全文明施工费的基本费和施工扬尘污染防治增加费的内容。

2. 创标化工地增加费上限、中值和下限费率分别对应国家级、省级和市级标化工地增加费费率。

3. 企业管理费增加城市维护建设税、教育费附加和地方教育附加等内容，套用时不再区分工程所在地，按统一费率执行。

4. 建设工程概算的综合费率包括组织措施费、企业管理费、利润及规费等费用，其中企业管理费包含内容同上。

三、对符合财税〔2016〕36 号文件中采用简易计税方法要求的工程项目，可按原合同约定或营改增前的计价依据执行，增值税按征收率确定。计取税金时应根据工程所在地不同，计算相应的附加税费。

四、本通知附件一、附件二适用于增值税采用一般计税方法的建设工程，附件三适用于简易计税方法的建设工程。

五、除本通知上述规定外，其余均按现行费用定额及有关补充规定执行。本通知与建建发〔2016〕144 号文同步执行。

附件一：建设工程施工取费费率表（园林绿化及仿古建筑工程部分）

1. 园林绿化及仿古建筑工程施工组织措施费费率

定额编号		项目名称	计算基数	费率（%）		
				下限	中值	上限
D1		施工组织措施费				
D1 - 1		安全文明施工费				
D1 - 11	其中	非市区工程	人工费＋机械费	7.47	8.29	9.14
D1 - 12		市区一般工程		8.74	9.71	10.67
D1 - 13		市区临街工程		9.93	11.03	12.13

续表

定额编号	项目名称		计算基数	费率（%）		
				下限	中值	上限
D1-1-1	创标化工地增加费					
D1-1-11	其中	非市区工程	人工费＋机械费	1.46	1.71	2.06
D1-1-12		市区一般工程		1.71	2.02	2.42
D1-1-13		市区临街工程		1.97	2.32	2.78
D1-2	夜间施工增加费			0.02	0.04	0.08
D1-3	提前竣工增加费					
D1-31	其中	缩短工期10%以内		0.01	1.13	2.25
D1-32		缩短工期20%以内		2.25	2.80	3.34
D1-33		缩短工期30%以内		3.34	3.96	4.59
D1-4	二次搬运费		人工费＋机械费	0.17	0.21	0.25
D1-5	已完工程及设备保护费			0.02	0.08	0.17
D1-6	工程定位复测费			0.03	0.04	0.05
D1-7	冬雨季施工增加费			0.12	0.24	0.36
D1-8	行车、行人干扰增加费			1.00	1.50	2.00
D1-9	优质工程增加费		优质增加费前造价	1.00	1.25	1.50

注　1. 单独绿化工程安全文明施工费费率乘系数0.7。
　　　2. 专业土石方工程安全文明施工费费率乘系数0.6。

2. 园林绿化及仿古建筑工程企业管理费费率

定额编号	项目名称	计算基数	费率（%）		
			一类	二类	三类
D2	企业管理费				
D2-1	仿古建筑工程	人工费＋机械费	31.12～39.61	25.46～33.95	21.22～28.29
D2-2	园林景观工程		28.29～36.78	22.63～31.12	18.39～25.46
D2-3	单独绿化工程		—	19.81～26.88	15.56～21.22
D2-4	专业土石方工程		—	5.66～9.90	2.83～7.07

注　园林绿化及仿古建筑工程施工取费费率表中的专业土石方工程仅适用于单独承包的土石方工程。

3. 园林绿化及仿古建筑工程利润费率

定额编号	项目名称	计算基数	费率（%）
D3	利润		
D3-1	仿古建筑工程	人工费＋机械费	4.00～10.00
D3-2	园林景观工程		8.00～14.00
D3-3	单独绿化工程		18.00～26.00
D3-4	专业土石方工程		1.00～4.00

4. 园林绿化及仿古建筑工程规费费率

定额编号	项目名称	计算基数	费率（%）
D4	规费		
D4-1	仿古建筑工程	人工费＋机械费	13.33
D4-2	园林景观工程		13.19
D4-3	专业土石方工程		4.46
D4-4	单独绿化工程		10.94

附件二：建设工程概算取费费率表（略）

附件三：简易计税方法下税金税率表

简易计税方法下税金税率

定额编号	项目名称	计算基数	费率（%）		
			市区	城（镇）	其他
S2	税金	直接工程费＋措施费＋企业管理费＋利润＋规费	3.46%	3.40%	3.28%
S2-1	增值税征收率		3.00%	3.00%	3.00%
S2-2	城市维护建设税		0.21%	0.15%	0.03%
S2-3	教育费附加及地方教育附加		0.15%	0.15%	0.15%
S2-4	地方水利建设基金		0.10%	0.10%	0.10%

注 简易计税方法下的直接工程费、措施费、企业管理费、利润和规费的各项费用中，均包含增值税进项税额。

浙江省建设工程造价管理总站
2016 年 4 月 18 日

关于营改增后浙江省建设工程材料价格信息发布工作调整的通知
浙建站信〔2016〕25 号

各市建设工程造价管理站（处、办），义乌市造价站：

为满足建筑业营改增后建设工程计价需要，根据财政部、国家税务总局《关于全面推开营业税改征增值税试点的通知》（财税〔2016〕36 号）以及《关于建筑业实施营改增后浙江省建设工程计价规则调整的通知》（建建发〔2016〕144 号）精神，结合我省建设工程市场实际情况，按照"价税分离"的原则，现对建筑业实施营改增后建设工程材料价格信息发布工作如下调整：

一、材料价格信息调整内容

营改增后材料市场信息价发布内容调整为含进项税市场信息价（以下简称"含税信息价"）、不含进项税市场信息价（以下简称"除税信息价"）两个部分。

（一）含税信息价

含税信息价是指由省市造价管理机构发布的、综合了材料自来源地运至工地仓库或指定堆放地点所发生的全部费用和为组织采购、供应和保管材料过程

中所需要的各项费用，包括含进项税额的供应价、运杂费和采购保管费。

含税信息价计算公式为：

含税信息价 ＝ 含税供应价＋含税运杂费＋含税材料采购保管费

其中：

1. 含税供应价

含税供应价按市场实际供应价格水平取定，包含进货费、供销部门经营费和包装费等有关费用，不包含包装品押金，也不计减包装品残值。

2. 含税运杂费

含税运杂费是指材料自来源地运至工地仓库或指定堆放地点所发生的全部费用，包括装卸费、运输费、运输损耗及其他附加费等费用。

3. 含税采购保管费

含税采购保管费是指材料部门为组织采购供应和保管材料过程中所需的各项费用，包括采购费、仓储费和工地保管、仓储损耗等内容。含税采购保管费费率标准为 1.5%。公式为：

含税采购保管费 ＝（含税供应价＋含税运杂费）×1.5%

（二）除税信息价

1. 除税信息价是指按增值税下不含进项税额的价格，包括不含进项税额的材料供应价、运杂费和采购保管费。

2. 材料销售发票提供形式

材料销售发票提供形式包括"一票制"和"两票制"。

其中"一票制"是指企业在购买材料或其他物资时，材料供应商就收取的材料或物资销售价款和运杂费合计金额向建筑业企业仅提供一张货物销售发票的形式。"两票制"是指企业在购买材料或其他物资时，材料供应商将材料或物资价款与运输费用分别单独开具发票的一种形式。

3. 除税信息价计算

本办法中除税信息价按"一票制"进行测定。营改增后除税信息价计算公式简化为：

除税信息价 ＝ 含税信息价÷（1＋增值税税率）

二、材料价格信息发布模式调整

代码	材料名称	型号	规格	单位	除税信息价	含税信息价	备注

三、其他有关说明

1. 发布除税信息价和含税信息价时，数据的小数位数取定：单价 100 元以上（含 100 元）的取整，小于 100 元的保留 2 位小数，施工用水、电的单价保留 3 位小数。

2. 含税信息价适用于符合财税〔2016〕36 号文件中采用简易计税方法要求的工程项目，除税信息价适用于采用一般计税方法的工程项目。

3. 如采用"两票制"进行价格结算的材料，执行财税部门的相关规定。

4. 各地在执行本通知时如有问题，请及时反馈我站。

本通知与建建发〔2016〕144 号文同步执行。

浙江省建设工程造价管理总站
2016 年 4 月 18 日